■ 厦门理工学院立项教材资助

U0385078

模拟电子技术

余长青　主　编

胡　静　江华丽　刘万松　副主编

重庆出版集团 ⓒ 重庆出版社

图书在版编目 (CIP) 数据

模拟电子技术 / 余长青主编 ; 胡静 , 江华丽 , 刘万松副主编 . -- 重庆 : 重庆出版社 , 2021.12
ISBN 978-7-229-16301-3

Ⅰ . ①模… Ⅱ . ①余… ②胡… ③江… ④刘… Ⅲ . ①模拟电路 – 电子技术 Ⅳ . ① TN710

中国版本图书馆 CIP 数据核字 (2021) 第 254667 号

模拟电子技术

MONI DIANZI JISHU

主　编　余长青
副主编　胡　静　江华丽　刘万松

责任编辑：袁婷婷
责任校对：杨　媚
装帧设计：优盛文化

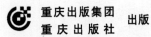
重庆出版集团
重庆出版社　出版

重庆市南岸区南滨路 162 号 1 幢　邮编：400061　http://www.cqph.com
三河市华晨印务有限公司
重庆出版集团图书发行有限公司发行
E-MAIL: fxchu@cqph.com　邮购电话：023-61520646
全国新华书店经销

开本：787mm×1092mm　1/16　印张：11.75　字数：250 千
2022 年 6 月第 1 版　2022 年 6 月第 1 次印刷
ISBN 978-7-229-16301-3
定价：48.00 元

如有印装质量问题，请向本集团图书发行有限公司调换：023-61520417

　　"模拟电子技术基础"是高等学校电子信息类、电气类、计算机类本科专业的一门理论性和工程性较强的核心专业基础课。该课程的教学宗旨是"打好基础，学以致用，突出实践，强调应用"，一方面该课程要为后续课程的学习打好基础，另一方面该课程的概念性、实践性、工程性强，很多内容与工程实际密切相关。

　　本书以模拟电子技术的重要知识点和知识链为载体，注重加强学科理论基础，旨在培养创新意识、科学思维方法，提高分析问题和解决实际问题的能力。为顺应社会的需求，本书参考了现行普通高等理工科院校电子类相关专业模拟电子技术教学大纲和教学改革实践，力图做到"基础更扎实，内容更实用，视野更开阔，编排更合理"。

　　本书属于模拟电子技术基础方面的教材，由常用半导体器件、基本放大电路、集成运算放大电路、负反馈放大电路、功率放大电路、放大电路的频率响应、信号处理电路与波形发生电路、直流电源等部分组成。全书以模拟电子技术为研究对象，分析模拟电子技术的理论知识，通过案例、章节总结和思考习题体现内容的基础性、实用性和完整性，帮助学生将基础理论、基本方法与简单常用电路很好地结合起来，加深对基本电路原理及其应用的理解。

　　本书尽力从技术性的特点出发，力求做到技术的综合性与知识点的连续性相结合、技术的实践性与解决问题的能力相结合。为此，我们在编写的过程中重点采取了以下措施：结构力求严谨，努力做到由浅入深、循序渐进，章节按知识点的逻辑性安排，避免交叉。知识点的完整性、连续性尽量体现在每一章中。本书力求清晰介绍解决问题的方法，精选实例和习题，所列习题则尽力考虑层次性和应用性，将理论知识与实际应用紧密结合，减少或避免理论与习题分离、原理与实验分离的现象。每章之后都附有小结，意在促进读者对该章节知识点的把握。

　　本书适合普通应用型本科院校电子类、电气类、计算机类相关专业学习，也可供高职院校相关专业学习，亦适合从事电子技术方面工作的工程技术人员作为学习参考用书。由于编者水平和经验有限，疏漏和不足之处在所难免，敬请读者予以指正。

目 录

第1章 常用半导体器件

1.1 半导体基础知识

大自然的物质按其导电能力可以分为导体、半导体和绝缘体。导体的导电能力最强，其最外层电子在外电场作用下很容易产生定向移动，形成电流，常见的导体有铜、铁、铝等；绝缘体几乎不导电，其原子的最外层电子受原子核的束缚力很强，只有在外电场强到一定程度时才可能导电，如惰性气体、木头、橡胶等；半导体的原子最外层电子受原子核的束缚力介于导体与绝缘体之间，因此它们的导电性能也介于导体和绝缘体之间。

在电子器件中，常用的半导体材料有：单质半导体，如硅（Si）、锗（Ge）等；化合物半导体，如砷化镓（GaAs）等。其中硅是目前最常用的一种半导体材料，砷化镓及其他化合物一般用在比较特殊的场合，如超高速器件和光电器件中。在形成晶体结构的半导体中，人为掺入特定的杂质元素时，导电性能显著增强且具有可控性；另外，在光照和热辐射条件下，其导电性还有明显的变化，利用这些特殊的性质，半导体可以制成各种各样的电子器件，广泛应用于电子产品中。

1.1.1 本征半导体

本征半导体是纯净的单晶体。所谓单晶体是指原子按照一定的规律整齐排列的晶体。纯净的半导体需要经过特殊工艺制成单晶体，才能成为本征半导体。这里的纯净包括两个意思：一是指半导体材料中只含有一种元素的原子；二是指原子与原子之间的排列是有一定规律的，即具有晶体结构。

1. 本征半导体的原子结构

工程中将高度提纯、原子按晶体结构排列的半导体称为本征半导体。半导体硅（Si）和锗（Ge）在使用时都要经过工艺处理，制成本征半导体，称之为本征 Si 和本征 Ge。

硅（Si）和锗（Ge）的原子序数分别为 14 和 32，它们的原子结构如图 1-1 所示。图中外层电子受原子核的束缚力最小，称为价电子。由于硅（Si）和锗（Ge）的外层电子都是 4 个，所以硅（Si）和锗（Ge）均属 4 价元素。物质的化学性质是由价电子数所决定的，因而半导体的导电性质也与价电子有关。硅和锗的最外层都是 4 个电子，但是锗的最外层电子活性比硅的强。

$$Si\ ⑭\ 2\ 8\ 4 \qquad Ge\ ㉜\ 2\ 8\ 18\ 4$$

图 1-1　Si 和 Ge 的原子结构

　　在本征 Si（Ge）的晶体结构中，Si（Ge）原子按照一定的规律整齐排列，形成空间点阵。由于原子之间的距离很近，价电子不仅受到所属原子核的作用，还受到相邻原子核的吸引，使原本属于某一原子的一个价电子被相邻的两个原子所共有，形成晶体中的共价键结构。共价键结构中每个 Si（Ge）原子的 4 个价电子与相邻的 4 个 Si（Ge）原子的各 1 个价电子分别组成 4 对共价键，结果使每个 Si（Ge）原子的最外层变为拥有多个共有电子的稳定结构，如图 1-2 所示。

　　2. 本征半导体的载流子

　　从大学物理学课程中可知，金属导体的导电机理是导体中有大量带负电荷的自由电子，它们在电场作用下作定向移动而形成电流。因此，自由电子是金属导体中的载流子，且是唯一的一种载流子。

　　半导体中的价电子不像绝缘体中的电子那样被紧紧束缚着，当温度升高或者受到光照时，由于热能的作用，一部分共价键被破坏，价电子脱离共价键的束缚而能在晶体中自由运动，成为自由电子。同时，共价键就留下了一个空位，这个空位被称为空穴。这种现象称为本征激发或热激发，如图 1-3 所示。因热激发而出现的自由电子和空穴是同时成对出现的，所以称为电子空穴对。在价电子挣脱共价键的束缚成为自由电子后，自由电子和空穴分别带一个单位的负电和正电，它们都被称为载流子。可见，半导体具有两种载流子，这是半导体区别于金属导体的重要特点。

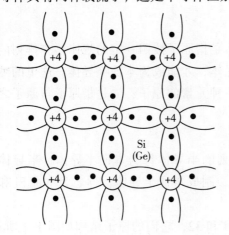

图 1-2　Si（Ge）晶体中的共价键结构

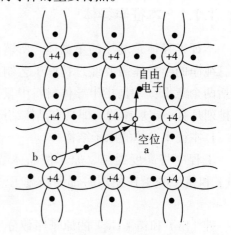

图 1-3　半导体中的两种载流子

　　价电子可以因热激发而成为自由电子，同时游离的部分自由电子也可能落入空穴中（称为复合），本征激发和复合在一定温度下会达到动态平衡。因此，在一定温度下，本征半导体中载流子的浓度是一定的，并且自由电子与空穴的浓度相等。

　　本征半导体的载流子的浓度与温度相关，温度一定时，自由电子与空穴对的浓度一定；温度升高，热运动加剧，挣脱共价键的电子增多，自由电子与空穴对的浓度增大。理论分析表明，本征半导体的载流子浓度可以表示为下式：

$$n_i = p_i = K_1 T^{\frac{3}{2}} \mathrm{e}^{\frac{-E_{GO}}{(2kT)}} \tag{1-1}$$

　　上式中，n_i、p_i 分别代表的是自由电子的浓度（cm^{-3}）、空穴的浓度（cm^{-3}），这两者是相等的。T 为热力学温度，k 为玻尔兹曼常数（8.63×10^{-5} eV/K），E_{GO} 为热力学零度时破坏共价键所需的能量，又称禁带宽度（硅 1.21 eV，锗为 0.785 eV），K_1 是与半导体材料载流子有效质量、有效能级密度有关的常量（硅为 3.87×10^{-6} $cm^{-3} \cdot K^{-\frac{3}{2}}$，锗为 1.76×10^{-6} $cm^{-3} \cdot K^{-\frac{3}{2}}$）。当 $T = 0$ K 时，自由电子与空穴的浓度均为零，本征半导体成为绝缘体；在一定范围内，当温度升高时，本征半导体载流子的浓度近似按指数曲线升高。温度对本征半导体载流子浓度的影响如表 1-1 所示。

表1-1　温度对本征半导体载流子浓度的影响

单位：cm^{-3}

本征半导体	T=300 K	T=310 K	纵向对比
本征硅	1.43×10^{10}	3.19×10^{10}	增加到 2.2 倍
本征锗	2.38×10^{13}	3.87×10^{13}	增加到 1.6 倍

　　由表 1-1 可以看出，纵向对比，温度由 T=300 K 提高到 T=310 K 时，本征硅载流子浓度增加 1.2 倍，本征锗增加 60%；横向对比，T=300 K 时，本征锗载流子浓度是本征硅的 1 664 倍；T=310 K 时，则是 1 213 倍。因此，锗的变化小，温度稳定性优于硅。

　　3. 本征半导体的导电特性

　　当在本征半导体两端外加一个电场时，一方面自由电子将产生定向移动，形成电子电流；另一方面由于空穴的存在，价电子将按一定的方向依次填补空穴，也就是说，空穴也产生定向移动，形成空穴电流。由于自由电子和空穴所带电荷极性不同，所以它们的运动方向相反，本征半导体中的电流是两个电流之和。

　　本征半导体具有两种载流子，都参与导电，因此其导电能力取决于两种载流子的数目。本征半导体在常温下产生的电子空穴对很少，所以导电性很差。本征半导体在热力学温度为 0 K 时不导电，但当环境温度升高时，热激发使电子空穴对的数目显著增多，其导电性明显提高。因此，本征半导体的特点是导电能力极弱，但其导电能力会随温度的变化而显著变化，这是本征半导体导电的一个重要特性。

1.1.2 杂质半导体

本征半导体的导电能力很弱，不能直接用来制备半导体器件。但如果在本征半导体中掺入微量的其他元素，其导电能力会显著增强。本征半导体在掺入杂质元素后，便被称为杂质半导体，其导电能力大大提高。因此，半导体器件一般采用杂质半导体制作而成。

掺入的杂质元素主要是三价或五价元素。三价元素一般为硼、铝、镓；五价元素一般为磷、砷、锑。根据掺入杂质性质的不同，杂质半导体分为 N 型半导体和 P 型半导体两种。表 1-2 说明了掺杂对本征半导体载流子浓度的影响。

表1-2　掺杂对本征半导体载流子浓度的影响

半导体	电子浓度 /cm⁻³	空穴浓度 /cm⁻³
本征硅	$n_i = 1.43 \times 10^{10}$	$p_i = 1.43 \times 10^{10}$
N 型硅	$n = 5 \times 10^{13}$	$p = 4.1 \times 10^6$

由表 1-2 可以看出，本征硅的电子浓度 n_i 与空穴浓度 p_i 相等，而掺杂后 N 型硅的电子浓度 n 约是其空穴浓度 p 的 1.22×10^7 倍。从掺杂后的变化来看，N 型硅的电子浓度约是本征硅的 3 500 倍，而空穴浓度约是本征硅的 $\dfrac{1}{3\ 500}$。因此，掺杂后电子浓度与空穴浓度之积与掺杂前二者之积相等，即 $n \times p = n_i \times p_i = n_i^2 = p_i^2$。

1. N 型半导体

（1）N 型半导体的构成。若在本征半导体硅（或锗）中通过半导体工艺掺入微量的五价元素磷，磷原子就取代了硅晶体中的少量硅原子，如图 1-4 所示。磷原子最外层有 5 个价电子，其中 4 个价电子分别与邻近 4 个硅原子形成共价键结构，多余的 1 个价电子在共价键之外，只受到磷原子对它微弱的束缚，在室温下即可获得挣脱束缚所需要的能量而成为自由电子。因此，本征半导体中每掺入一个磷原子就可产生一个自由电子，从而使半导体中的自由电子的数量激增。

（2）N 型半导体中的多子和少子。除杂质磷原子提供自由电子外，在半导体中还有少量的由本征激发产生的电子空穴对。因杂质提供了大量额外的自由电子，从而使半导体中自由电子的数量远远大于空穴数量，故在 N 型半导体中，自由电子为多数载流子，简称多子；而空穴为少数载流子，简称少子。由于参与导电的载流子以自由电子为主，又因电子带负电荷，所以这种杂质半导体称为 N 型半导体，或称电子型半导体。

掺杂后半导体的导电能力大大增强，掺入杂质越多，多子浓度越高，导电性越强，从而实现导电性可控。

（3）磷原子失去电子后成为正离子——施主离子。磷原子失去电子后便成为带正电荷的正离子，它由磷原子核和核外电子组成，不能自由移动。因此，正离子不是载流子。杂质原子施放电子而成为离子的过程称为杂质电离，施放电子的杂质称为施主杂质，亦称 N 型杂质。

N 型半导体中的正电荷量（由正离子和本征激发的空穴所带）与负电荷量（由磷原子施放的电子和本征激发的电子所带）相等，故 N 型半导体呈电中性，其图形符号如图 1-5 所示。

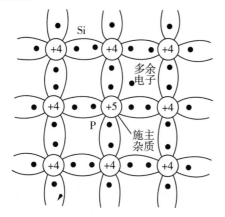
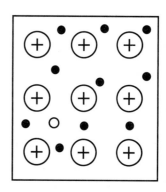

图 1-4　N 型半导体的原子结构　　　　图 1-5　N 型半导体的图形符号

2. P 型半导体

在本征半导体硅（或锗）中，若掺入微量的三价元素硼，这时硼原子就取代了晶体中的少量硅原子，如图 1-6 所示。硼有 3 个价电子，每个硼原子与相邻的 4 个硅原子组成共价键时，因缺少 1 个电子而出现 1 个空位（不是空穴，因为硼原子仍呈电中性）。在室温或其他能量的激发下，与硼原子相邻的硅原子共价键上的电子就可能填补这些空位，从而在电子原来所处的位置上产生带正电的空穴，而硼原子则因获得电子而变成带负电的离子。常温下每个硼原子都能引起一个空穴（与此同时并不产生电子），从而使半导体中空穴数大增。在半导体中虽还存在本征激发产生的少量电子空穴对，但空穴数量远大于自由电子数量。所以这种半导体中空穴是多子，自由电子是少子。因为参与导电的载流子以空穴为主，又因空穴带正电荷，所以这种杂质半导体称为 P 型半导体，亦称空穴型半导体。

硼原子获得电子后变为负离子，亦称受主离子。它由硼原子核和核外电子组成，带负电荷，也不能自由移动。因此，负离子不是载流子。P 型半导体的图形符号如图 1-7 所示。

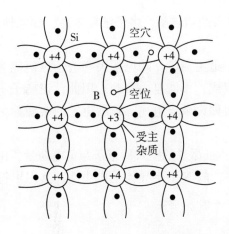

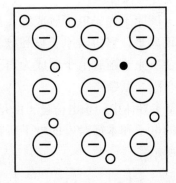

图1-6 P型半导体的原子结构　　　　图1-7 P型半导体的图形符号

P型半导体中正电荷量（硅原子失去电子而形成的空穴和本征激发的空穴的电荷量）与负电荷量（负离子和本征激发的电子的电荷量）相等，故它也是呈电中性的。

1.1.3 PN结

在一块硅衬底上，采用不同的掺杂工艺将N型半导体和P型半导体结合在一起，在其交界面附近会形成空间电荷区，这个空间电荷区被称为PN结。PN结结构简单，但是用途十分广泛，它是构成二极管、双极型晶体管和场效应晶体管等各种半导体器件的核心，是现代电子技术的基础。

1. PN结的形成

在一块半导体的一侧掺入五价元素做成N型半导体，另一侧掺入三价元素做成P型半导体，由于交界面两侧载流子（空穴和自由电子）的浓度差很大，因此载流子将从浓度较高的区域向浓度较低的区域运动，形成多子的扩散运动，如图1-8所示。P区的多子（空穴）向N区扩散，同时N区的多子（自由电子）向P区扩散，扩散运动使靠近接触面P区的空穴浓度降低、靠近接触面N区的自由电子浓度降低。

当载流子通过两种半导体的交界面后，在交界面附近的区域里空穴与自由电子复合。这样，在P区一侧由于失去空穴，留下了不能移动的负离子层；在N区一侧由于失去自由电子，留下了不能移动的正离子层，从而形成空间电荷区，由此产生的电场称为内电场，方向由N区指向P区，如图1-9所示。空间电荷区越宽，内电场就越强。显然，内电场的存在会阻碍多子的扩散运动而促进少子向对方区域的漂移，这样又形成了少子的漂移运动。刚开始，扩散运动较强，漂移运动较弱，随着扩散运动的进行，空间电荷区加宽、内电场加强，阻碍扩散运动、增强漂移运动，最后扩散运动和漂移运动达到动态平衡，形成稳定的空间电荷区，即PN结。

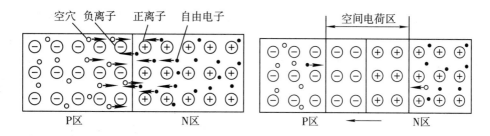

图 1-8　载流子的扩散运动　　　　　　　　　图 1-9　空间电荷区

两种运动的比较如表 1-3 所示。

表1-3　载流子的两种运动比较

名　　称	参与的载流子	载流子运动方向	发生的原因	结　　果
扩散运动	多子	电子 N 区→P 区 空穴 P 区→N 区	浓度差	内电场增强，阻碍扩散，促进漂移
漂移运动	少子	电子 P 区→N 区 空穴 N 区→P 区	内电场	内电场削弱，促进扩散，阻碍漂移

2. PN 结的单向导电性

当 PN 结外加电压方向不同时，PN 结体现出不同的特性，分为正向偏置和反向偏置。

（1）正向偏置。正向偏置简称正偏。正偏时 PN 结 P 区处于高电位，N 区处于低电位，即 $V_P > V_N$，电路如图 1-10 所示。电路中电阻 R 为限流电阻，能防止 PN 结因电流过大而烧坏。由于外电场方向和内电场方向相反，会使 PN 结中总电场减弱，空间电荷区变窄，多子的扩散运动加强，少子的漂移运动减弱。当正向偏置电压达到一定值时，在 PN 结中会形成较大的正向电流，方向由 P 区指向 N 区，PN 结呈现低电阻，此时称 PN 结处于导通状态。PN 结正偏时扩散电流远大于漂移电流，因此可忽略漂移电流的影响。

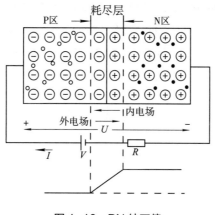

图 1-10　PN 结正偏

（2）反向偏置。反向偏置简称反偏。反偏时 PN 结 P 区处于低电位，N 区处于高电位，即 $V_P < V_N$，电路如图 1-11 所示。由于外电场方向和内电场方向相同，会使 PN 结中总电场增强，空间电荷区变宽，阻碍扩散运动，有利于漂移运动，多子的扩散运动减弱，少子的漂移运动增强。此时，通过 PN 结的电流主要为少子漂移形成的漂移电流，方向由 N 区指向 P 区，该反向漂移电流很小（微安级），故 PN 结呈现高电阻，此时称 PN 结处于截止状态。当反偏电压较小时，几乎所有少子都参与导电，因此，即使反偏电压再增大，流过 PN 结的反向电流也不会继续增大，这个电流被称为反向饱和电流。

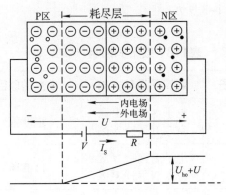

图 1-11　PN 结反偏

综上可知，PN 结的单向导电性为：当 $V_P > V_N$ 时，PN 结正向偏置，PN 结导通，呈现低电阻，具有较大的正向电流；当 $V_P < V_N$ 时，PN 结反向偏置，PN 结截止，呈现高电阻，只有很小的反向饱和电流。

3. PN 结的伏安特性

PN 结的伏安特性是指 PN 结两端的外加电压 u_D 与流过 PN 结的电流 i_D 之间的关系。从理论上分析，PN 结的伏安特性可用下式表示：

$$i_D = I_S \left(e^{u_D / U_T} - 1 \right) \tag{1-2}$$

式中，i_D 为流过 PN 结的电流，规定正方向由 P 区指向 N 区；u_D 为加在 PN 结两端的电压，规定正方向为由 P 区指向 N 区，即 $u_D = V_P - V_N$；I_S 为 PN 结的反向饱和电流；U_T 为温度电压当量，在室温下（$T = 300\,\mathrm{K}$），$U_T \approx 26\,\mathrm{mV}$，PN 结的伏安特性曲线如图 1-12 所示。

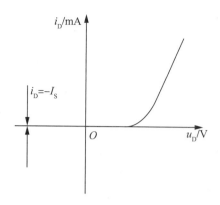

图 1-12 PN 结的伏安特性曲线

PN 结正向偏置，且外加电压 $u_D \gg U_T$ 时，$u_D / U_T \geq 1$，PN 结的正向电流 i_D 随正向电压 u_D 按指数规律变化。PN 结的伏安特性表达式可以简化为：

$$i_D \approx I_S e^{u_D / U_T} \tag{1-3}$$

PN 结反向偏置，且外加电压 $|u_D| \gg U_T$ 时，$e^{u_D / U_T} \approx 0$，PN 结的伏安特性表达式可以简化为 $i_D \approx -I_S$。可见反向饱和电流 I_S 是个常数，不随外加反向电压的大小而变化。

4. PN 结的反向击穿

当 PN 结的反向电压增大到一定程度时，反向电流会突然增大，这种现象称为反向击穿（reverse breakdown）。反向电流突然增大时的电压称为击穿电压。造成 PN 结击穿的机制有两种：雪崩击穿和齐纳击穿。

雪崩击穿通常发生在掺杂浓度较低的 PN 结中。当反向电压不断增大时，载流子漂移速度相应增大，当增大到一定程度后，其动能足以把束缚在共价键中的价电子碰撞出来，产生新的自由电子－空穴对，新产生的载流子在强电场作用下，再去碰撞其他中性原子，又会产生新的自由电子－空穴对，这样会引起一系列的连锁反应，像雪崩一样，导致 PN 结中载流子数量急剧增加，从而使反向电流急剧增大。

齐纳击穿通常发生在掺杂浓度很高的 PN 结内。由于掺杂浓度很高，空间电荷区很窄，即使外加较小的反向电压（5 V 以下），在 PN 结中就可产生很强的电场，强电场会强行将 PN 结内原子的价电子从共价键中拉出来，形成电子－空穴对，促使载流子数目急剧增多，形成很大的反向电流。

反向击穿后，若能控制反向电流和反向电压的大小，使其乘积不超过 PN 结的最大耗散功率，PN 结一般不会损坏，当外加电压下降到击穿电压以下后，PN 结能够恢复正常，这种击穿称为电击穿（可以制成稳压二极管）。若反向击穿后电流过大，则会导致 PN 结因发热严重温度过高而永久性损坏，这种击穿称为热击穿（应避免）。

5. PN 结的电容效应

当 PN 结上的电压发生变化时，PN 结中存储的电荷量将随之发生变化，这使 PN 结具有电容效应。PN 结的电容可分为势垒电容和扩散电容两类。

当外加电压使 PN 结上压降发生变化时，空间电荷区的电荷量也随之变化，有电荷的积累和释放的过程，犹如电容的充放电，其等效电容称为势垒电容。

当 PN 结正向偏置时，由 N 区扩散到 P 区的电子与外电源提供的空穴相复合，形成正向电流。刚扩散过来的电子就堆积在 P 区内紧靠 PN 结的附近，形成一定的多子浓度梯度分布。外加正向电压不同时，扩散电流即外电路电流的大小也就不同。所以 PN 结两侧堆积的多子的浓度梯度分布也不同，也有电荷的积累和释放的过程，这就相当于电容的充放电过程，其等效电容称为扩散电容，扩散电容反映了在外加电压作用下载流子在扩散过程中积累的情况。

势垒电容和扩散电容均是非线性电容。PN 结在反向偏置时主要考虑势垒电容。PN 结在正向偏置时主要考虑扩散电容。在信号频率较高时，须考虑 PN 结电容的作用。

结电容不是常量！若 PN 结外加电压频率高到一定程度，则失去单向导电性！

1.2 半导体二极管

1.2.1 二极管结构及类型

半导体二极管简称二极管，是以 PN 结为核心，在 PN 结的两端各引出一个电极并加管壳封装而成。PN 结的 P 型半导体一端引出的电极为阳极（或称为正极），PN 结的 N 型半导体一端引出的电极为阴极（或称为负极），二极管的符号如图 1-13 所示。按使用的半导体的材料的不同来划分，半导体二极管可分为硅管和锗管；按结构形式的不同来划分，又可分为点接触型、面接触型和平面型三类。

图 1-13　二极管的符号

半导体二极管常见外形如图 1-14 所示。

（a）

（b）

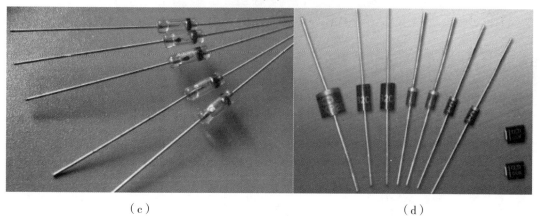

（c）　　　　　　　　　　　　　　　（d）

图 1-14 二极管外形

（1）点接触型二极管。点接触型二极管的结构如图 1-15（a）所示。它由一根金属丝与半导体表面相接触，先经过特殊工艺在接触点上形成 PN 结，然后做出引线，最后加上管壳封装而成。其突出优点是 PN 结结面积很小，故结电容很小，一般在 1 pF 以下，适宜于高频（可达 100 MHz 以上）下工作。其缺点是既不能承受较高的正向电压，也不能通过较大的正向电流。因而点接触型二极管大多用作高频检波和数字电路中的开关元件。

（2）面接触型二极管。面接触型二极管结构如图 1-15（b）所示。面接触型二极管的 PN 结是采用合金法（或扩散法）制作而成的，面接触型二极管的 PN 结结面积大，可承受较大电流，这类器件适用于整流电路中。但是其结电容也较大，不宜用于高频电路中，如 2CP 系列的二极管。

（3）平面型二极管。平面型二极管结构如图 1-15（c）所示。平面型二极管常用于集成电路制造工艺中，平面型二极管的 PN 结结面积可大可小，小的工作频率高，大的允许的电流大，主要用于高频整流和开关电路中，如 2CK 系列的二极管。

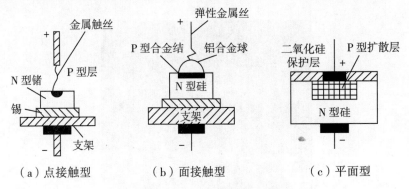

（a）点接触型　　　　（b）面接触型　　　　（c）平面型

图 1-15　二极管的结构

1.2.2　二极管的伏安特性

二极管的伏安特性是指其端电压与流过其中的电流之间的关系。既然二极管是一个 PN 结，那么它必有单向导电性。图 1-16 是二极管的伏安特性曲线，它与 PN 结的伏安特性曲线有一些差别。

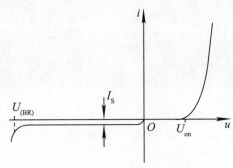

图 1-16　二极管的伏安特性曲线

1. 正向特性

二极管加正向电压，当电压值较小时，电流极小，近似为零；当电压超过 U_{th} 时，电流逐渐增大。U_{th} 称为死区电压，通常硅管 $U_{th} \approx 0.5$ V，锗管 $U_{th} \approx 0.1$ V。当 $u_D >$ U_{th} 后电流开始按指数规律迅速增大，而二极管两端电压近似保持不变，我们称二极管具有正向恒压特性。若 $u_D \geqslant U_{th}$，则 $i \approx I_S \mathrm{e}^{\frac{u_D}{U_T}}$。工程上定义该恒压为二极管的导通电压，用 $U_{D(on)}$ 表示，硅管 $U_{D(on)} \approx 0.7$ V，而锗管 $U_{D(on)} \approx 0.2$ V。

2. 反向特性

当二极管加反向电压时，PN 结反向偏置，电流很小，且反向电压在较大范围内变化时反向电流值基本不变，$i \approx -I_S$，反向特性为横轴的平行线，此时二极管处于截止状态。小功率硅管的反向电流一般小于 0.1 μA，而锗管的反向电流通常为几十微安（表1-4）。

表1-4 两种材料二极管的比较

材 料	开启电压 /V	导通电压 /V	反向饱和电流 /μA
硅（Si）	0.5	$0.5 \sim 0.8$	<0.1
锗（Ge）	0.1	$0.1 \sim 0.3$	几十

3. 击穿特性

当外加反向电压超过某一数值时，反向电流会突然增大，二极管处于击穿状态，击穿时对应的临界电压称为二极管反向击穿电压，用 $U_{(BR)}$ 表示。反向击穿时二极管失去单向导电性，如果二极管没有因反向击穿而引起过热，则单向导电性不一定会被永久破坏，在撤除外加电压后，其性能仍可恢复，否则二极管就会损坏。因此使用时应避免二极管外加的反向电压过高。

由上分析可知：

当 $u_D > U_{D(on)}$ 时，二极管正向导通，二极管流过较大的正向电流，二极管体现正向恒压特性，二极管两端电压 $u_D \approx U_{D(on)}$。

当 $-U_{(BR)} < u_D < U_{D(on)}$ 时，二极管截止，二极管流过很小的反向饱和电流。

当 $u_D < -U_{(BR)}$ 时，二极管反向击穿，二极管的反向电流迅速增大。

4. 温度特性

当温度升高时，在电流不变的情况下二极管压降下降，反向饱和电流增大，反向击穿电压下降。如图 1-17 所示，其正向特性左移，反向特性下移。

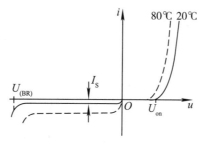

图 1-17 温度对二极管伏安特性的影响

1.2.3 二极管的主要参数

半导体器件的参数是对它们的特性和极限运用条件的定量描述，器件参数是设计电路的正确选择以及合理使用的依据。因此，正确理解器件参数的物理意义及其数值范围是非常重要的。常用二极管参数如下。

1. 最大整流电流 I_F

最大整流电流是指二极管长期连续工作时，允许通过的最大正向平均电流值。I_F 与二极管中 PN 结的结面积及外部散热条件等有关。当二极管流过电流时，二极管会发热，温度上升到温度上限值（硅管为 140 ℃左右，锗管为 90 ℃左右）时，二极管会被烧坏。所以，在使用二极管时，不要超过二极管最大整流电流值，且环境温度较高或散热通风条件较差等恶劣情况下还要降格使用。例如，常用的 1N4001 ～ 1N4007 型锗二极管的额定正向工作电流为 1 A。

2. 最高反向工作电压 U_R

最高反向工作电压是指管子运行时允许施加的最大反向电压值。二极管反向击穿时，反向电流剧增，单向导电性被破坏，甚至因过热而烧坏。通常可取 U_R 约为反向击穿电压 U_{BR} 的一半值，以确保管子能安全运行。例如，2AP1 二极管的最高反向工作电压规定为 20 V，而反向击穿电压实际上大于 40 V。

3. 反向电流 I_R

反向电流是指二极管未击穿时的反向电流值。此值越小，二极管的单向导电性越好。由于反向电流由少数载流子形成，因此 I_R 值受温度的影响很大。同等条件下，硅管的反向电流比锗管小。

4. 最高工作频率 f_M

最高工作频率是指二极管工作的最高频率，f_M 的值主要取决于 PN 结电容的大小。因二极管具有结电容，当信号频率超过 f_M 时，二极管的单向导电性会变差，甚至单向导电性会消失。

5. 二极管直流电阻 r_D 和交流等效电阻 r_Z

直流电阻定义为加在二极管两端的直流电压与流过二极管的直流电流之比。一般二极管的正向直流电阻在几十欧姆到几千欧姆之间，反向直流电阻在几万欧姆到几十万欧姆之间。正反向直流电阻差距越大，二极管的单向导电性能就越好。

交流等效电阻 r_Z 定义为

$$r_Z = \frac{\Delta U_Z}{\Delta I_Z} \tag{1-4}$$

二极管的正向交流电阻在几欧姆至几十欧姆之间。

1.2.4　特殊二极管

1. 稳压二极管

稳压二极管简称稳压管，是一种用硅材料制成的面接触型半导体二极管。稳压管在反向击穿时，在一定的电流范围内，端电压几乎不变，表现出稳压特性，因而广泛用于稳压电源与限幅电路之中。

稳压管的伏安特性曲线以及电路符号如图 1-18 所示。

稳压管的主要参数如下。

（1）稳定电压 U_Z。U_Z 为稳压管反向击穿后其电流在规定范围（$I_{Z\min} \sim I_{Z\max}$）时稳压管两端的电压值，U_Z 不是一个固定值，它一般给出的是范围值。不同型号的稳压管的 U_Z 的范围不同，同种型号的稳压管也常因工艺上的差异而有所不同。二极管（包括稳压管）的正向导通特性也有稳压作用，但稳定电压为其导通电压，通常为 0.6 ～ 0.8 V，且随温度的变化较大，一般不常用，通常用于钳位电路中。

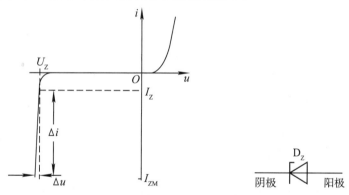

图 1-18　稳压管的伏安特性和符号

（2）稳定电流 I_Z。I_Z 是指稳压管正常工作时的参考电流。I_Z 在最小稳定电流 $I_{Z\min}$ 与最大稳定电流 $I_{Z\max}$ 之间，即 $I_{Z\min} \leqslant I_Z \leqslant I_{Z\max}$。其中，$I_{Z\min}$ 是指稳压管开始起稳压作用时的最小电流，电流低于此值时，稳压效果差或者不稳压；$I_{Z\max}$ 是指稳压管稳定工作时的最大允许电流，超过此电流时，只要超过额定功耗，稳压管将发生永久性击穿而毁坏。若稳压管的电流太小则不稳压，若稳压管的电流太大则会因功耗过大而损坏，因此稳压管电路中必须有限制稳压管电流的限流电阻。

（3）最大功耗 P_{ZM}。最大允许功率耗散 P_{ZM} 也是一个极限参数，其大小近似等于 U_Z 与 $I_{Z\max}$ 的乘积。稳压管正常工作时，功耗不应超过 P_{ZM}，否则可能因过热烧毁。在不超过最大功耗时，工作电流越大，稳压效果越好。

（4）动态电阻 r_Z。动态电阻 r_Z 是稳压管工作在稳压区时，两端电压变化量与电流变化量之比。r_Z 值越小，稳压性能越好。同一稳压管，工作电流越大，r_Z 值越小，稳压效果越好。

（5）电压温度系数 α。电压温度系数 α 表示温度每变化 1 ℃ 稳压值的变化量。一般情况下，稳定电压 $U_Z < 4$ V（齐纳击穿），$\alpha < 0$，稳压管具有负温度系数（即温度升高，U_Z 下降）；稳定电压 $U_Z > 7$ V（雪崩击穿），$\alpha > 0$，稳压管具有正温度系数（即温度升高，U_Z 上升）；而稳定电压在 $4 \sim 7$ V 时，其温度系数很小，稳定电压值受温度影响较小，性能比较稳定。

2. 发光二极管

发光二极管简称 LED，它是将电信号转换为光信号的器件。通常用砷化镓、磷化镓等制成。发光二极管正向导通且正向电流足够大时就能发出光来，发光是电子与空穴直接复合而释放能量的结果，其所发出光的波长由所使用的基本材料决定。发光二极管通常有发可见光和不可见光两类。发各种颜色可见光的常用来作为指示灯或显示器件，发白光的还可用于照明；发不可见光的常用于红外遥控或发射激光。除单个使用外，发光二极管也常作为七段式或矩阵式器件。

典型的发光二极管的电路符号如图 1-19 所示。发光二极管颜色不同，开启电压不同。一般红色的在 $1.6 \sim 1.8$ V 之间，绿色的为 2 V 左右。

3. 光电二极管

光电二极管是将光信号转换为电信号的器件，电路符号如图 1-20 所示。光电二极管在无光照时，与普通二极管无异，当其两端接反向电压，且有光照时，管内产生反向电流，且随着光照强度的增强而上升。光电二极管将接收到的光的变化转换成电流的变化，因此可用来制作光电池、光测量器件等。

图 1-19　发光二极管的符号　　　　图 1-20　光电二极管的符号

4. 光电耦合器件

将光电二极管和发光二极管组合起来可组成二极管型的光电耦合器。它以光为媒介可实现电信号的传递。在输入端加入电信号，则发光二极管的光随信号的变化而变化，它照在光电二极管上，在输出端产生了与信号变化一致的电信号。由于发光器件和光电器件分别接在输入、输出电路中，相互隔离，因而常用于信号的单方向传输，但电路间需要电隔离的场合。光电耦合器通常用在计算机控制系统的接口电路中，也常用于电源电路的控制。

5. 肖特基二极管

肖特基二极管（Schottky barrier diode，SBD），也称为金属 - 半导体结二极管或表面势垒二极管，是利用金属（如铝、钼、镍和钛等）与 N 型半导体接触，在交界面形成势垒的二极管。肖特基二极管的符号如图 1-21 所示，阳极连金属，阴极连 N 型半导体。肖特基二极管具有单向导电性，但由于制作原理不同，其正向导通阈值电压和正向导通压降都比 PN 结二极管低约 0.2 V，且反向击穿电压比较低，反向漏电流比 PN 结二极管的大。肖特基二极管是一种多子导电器件，不存在少子在 PN 结附近积累和消散的过程，其电容效应非常小，工作速度非常快，特别适用于高频或开关电路。

图 1-21　肖特基二极管的符号

1.3　双极型晶体管

1.3.1　双极型晶体管的结构及类型

双极型晶体管（BJT）也称为晶体三极管或半导体三极管，简称三极管。

1. 三极管的结构

三极管外部有三个电极，内部有由两个 PN 结、三个杂质半导体区域组成的三区两结结构，其内部结构和电路符号如图 1-22 所示。

无论是 NPN 型管还是 PNP 型管，它们内部均含有三个区：发射区、基区、集电区。这三个区的作用分别是：发射区是用来发射载流子的，基区是用来控制载流子的传输的，集电区是用来收集载流子的。从三个区各引出一个金属电极，分别称为发射极（e）、基极（b）和集电极（c）。同时在三个区的两个交界处分别形成两个 PN 结，发射区与基区之间形成的 PN 结称为发射结，集电区与基区之间形成的 PN 结称为集电结。从三极管的电路符号可以看出，NPN 型管和 PNP 型管的箭头方向不同，这个箭头方向表示发射结正向偏置时电流的方向。

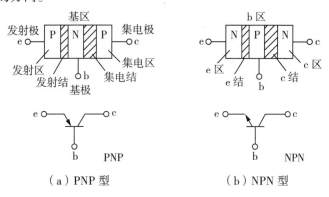

（a）PNP 型　　　　　（b）NPN 型

图 1-22　三极管的结构及电路符号

2. 三极管的类型

三极管的种类很多，常见的有下列 5 种分类方法：

（1）按其结构类型分为 NPN 管和 PNP 管；

（2）按其制作材料分为硅管和锗管；

（3）按其工作频率分为高频管和低频管；

（4）按其功率大小分为大功率管、中功率管和小功率管；

（5）按其工作状态分为放大管和开关管，在模拟电路中一般用作放大管，在数字电路中一般用作开关管。

1.3.2　三极管的电流放大作用

放大是对模拟信号最基本的处理。放大的本质是能量的控制，三极管是放大电路的核心元件，它能够控制能量的转换，将输入信号的微小变化不失真地放大输出。

为了使三极管能够起放大作用，在制作的时候应保证它具有特殊的内部结构，即三极管具备放大作用的内部条件：发射区高掺杂，多子浓度应远远大于基区多子的浓度；基区做得很薄，而且掺杂少；集电结面积大，保证尽可能收集到发射区发射到基区并扩散到集电结附近的多子。

此外，三极管工作在放大状态还应满足以下外部条件，即发射结正向偏置且集电结反向偏置。以 NPN 型三极管为例，图 1–23 所示电路为基本共射放大电路。输入信号接入基极 – 发射极回路，称为输入回路；放大后的信号在集电极 – 发射极回路，称为输出回路。由于发射极是两个回路的公共端，因此称该电路为共发射极放大电路，简称共射电路。电路中，输入回路加入基极电源 V_{BB}，输出回路加入集电极电源 V_{CC}，且 V_{CC} 应大于 V_{BB}。

1. 载流子的运动

（1）发射区向基区注入电子。由于发射结正向偏置，且发射区杂质浓度高，因此大量自由电子因扩散运动不断通过发射结到达基区。与此同时，基区的多子空穴也会通过发射结扩散到发射区。两种载流子方向相反，形成电流的方向相同，共同形成发射极电流 I_E。由于基区的空穴浓度远低于发射区自由电子浓度，因此可以认为发射极电流主要是由发射区的多数载流子电子形成的，即 $I_E = I_{EN} + I_{EP} \approx I_{EN}$。

（2）电子在基区中的扩散与复合。自由电子的注入使基区靠近发射结处电子浓度很高，而集电结处电子浓度较低，浓度差使自由电子向集电区进行扩散运动。在扩散途中，极少数自由电子在基区与空穴相遇产生复合而消失。同时，接于基极的电源 V_{BB} 的正极不断补充基区中被复合掉的空穴，从而形成基极电流 I_B。由于基区空穴浓度比较低，且基区做得很薄，因此，复合的自由电子只是极少数，绝大多数自由电子能够扩散到集电区。

（3）集电极收集扩散过来的电子。由于集电结反向偏置且集电结的面积大，因此基区扩散到集电结边缘的自由电子（称非平衡少子）在电场力的作用下很容易通过集电结到达集电区，形成漂移电流。同时，集电区的少子空穴和基区的少子自由电子也参与漂移运动，形成反向饱和电流 I_{CBO}，但是该电流值较小，所以集电极电流主要由非平衡少子的漂移运动形成，即 $I_C = I_{CN} + I_{CBO} \approx I_{CN}$。

三极管载流子的运动情况与电流的形成如图 1-24 所示。

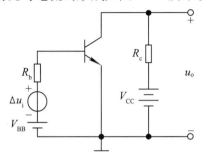

图 1-23 基本共射放大电路

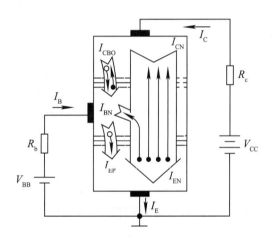

图 1-24 载流子的运动与电流形成

2. 电流的分配与放大作用

通过对上述载流子运动情况的分析可知，集电结收集的电子流是发射结发射的总电流的一部分，其数值小于但接近于发射极电流，常用系数 $\bar{\alpha}$ 与发射极电流的乘积来表示，即

$$I_C = \bar{\alpha} I_E \qquad (1-5)$$

式中，$\bar{\alpha}$ 称为共基极电流放大系数，其数值小于但接近于 1。

根据图 1-24 所示的电路，运用基尔霍夫电流定律（KCL），三极管各极电流关系为

$$I_E = I_C + I_B \qquad (1-6)$$

因此，可以用发射极电流来表示基极电流，即

$$I_B = \left(1 - \bar{\alpha}\right) I_E \qquad (1-7)$$

由此推出集电极电流与基极电流的关系，即

$$\frac{I_C}{I_B} = \frac{\bar{\alpha}}{1 - \bar{\alpha}} = \bar{\beta} \qquad (1\text{-}8)$$

式中，$\bar{\beta}$ 称为共发射极电流放大系数。

对于已经制成的三极管而言，I_C 和 I_B 的比值基本上是一定的。因此，在调节电压 U_{BE} 使得基极电流 I_B 变化时，集电极电流 I_C 也将随之变化，它们的变化量分别用 ΔI_B 和 ΔI_C 表示。ΔI_B 与 ΔI_C 的比值称为共发射极交流电流放大系数，用 β 表示为

$$\beta = \frac{\Delta I_C}{\Delta I_B} \qquad (1\text{-}9)$$

I_B 微小的变化会引起 I_C 较大的变化，这就是三极管的电流放大作用，三极管的 β 通常为几十到几百。因此，三极管是一种电流控制元件，是一个流控电流源。所谓电流放大作用，就是用基极电流的微小变化去控制集电极电流较大的变化。

1.3.3 三极管的特性曲线

三极管的特性曲线是描述外部各电极间电压和电流之间关系的曲线，它能直观地反映晶体管的性能，是分析放大电路的依据。下面以 NPN 型管为例，分析放大电路中常用的三极管共射接法的特性曲线。

1. 共射输入特性曲线

三极管输入特性曲线定义为

$$i_B = f(u_{BE})\big|_{U_{CE}=常数} \qquad (1\text{-}10)$$

式中，i_B 为基极电流，u_{BE} 为基极与发射极间的压降，U_{CE} 为集电极与发射极的压降。定义式描述的输入特性就是在 U_{CE} 一定的情况下，基极电流 i_B 与发射结电压 u_{BE} 之间的函数关系。

三极管的共射输入特性曲线如图 1-25 所示，其输入特性曲线有如下特征：

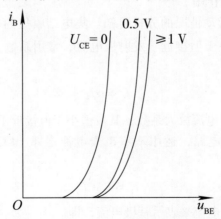

图 1-25　输入特性曲线

（1）$U_{CE} = 0$ 时，相当于发射极与集电极短路，三极管内相当于只有一个 PN 结，因此特性曲线与 PN 结的伏安特性类似。

（2）U_{CE} 增大，输入特性曲线右移。这是因为 U_{CE} 由零逐渐增大时，集电结宽度逐渐增大，基区宽度相应地减小，使存储于基区的注入载流子的数量减小，复合减小，因而 i_B 减小。若要保持 i_B 定值，就必须加大 u_{BE}，故曲线右移。

（3）在增大到一定值（1 V）后 U_{CE} 再增加，曲线右移将不再明显。这是因为集电结此时所加电压已使其进入反偏状态，足以把注入基区的非平衡载流子的绝大部分都拉到集电极。所以 U_{CE} 再增加，i_B 也不再明显地减小，各曲线几乎重合。对于小功率晶体管，U_{CE} 大于 1 V 的一条输入特性曲线可以取代 U_{CE} 大于 1 V 的所有输入特性曲线。

（4）和二极管一样，三极管也有一个门限电压，通常硅管为 0.5 ~ 0.6 V，锗管为 0.1 ~ 0.2 V。

2.共射输出特性曲线

共射输出特性曲线如图 1-26 所示，该曲线是指当 i_B 一定时，输出回路中的 i_C 与 u_{CE} 之间的关系曲线，用函数式可表示为

$$i_C = f\left(u_{CE}\right)\big|_{i_B = 常数} \tag{1-11}$$

由图 1-26 可见，曲线的起始部分很陡。当 u_{CE} 由零开始略有增加时，由于集电结收集载流子的能力大大增加，i_C 增加很快，但当 u_{CE} 增加到一定数值（约 1 V）后，集电结反向电场已足够强，能将从发射区扩散到基区的非平衡少子绝大部分都吸引到集电区，所以当 u_{CE} 继续增加时，i_C 不再明显增加，曲线趋于平坦。当 i_B 增大时，相应的 i_C 也增加，曲线上移，形状相似。根据输出特性曲线的形状，可将其划分成三个区域：放大区、饱和区、截止区。

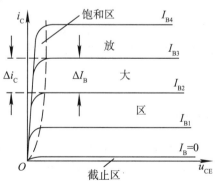

图 1-26　输出特性曲线

（1）放大区。将 $i_B > 0$，$u_{CE} > 1$ V 的比较平坦的区域称为放大区。此时，三极管的发射结正向偏置，集电结反向偏置。根据曲线可总结放大区有如下重要特性：

①受控特性：指 i_C 随着 i_B 的变化而变化，即 $i_C = \beta i_B$。

②恒流特性：指当输入回路中有一个恒定的 i_B 时，输出回路便对应一个不受 u_{CE} 影响的恒定的 i_C，表现在此部分曲线近似为平行于横坐标的直线。

③各曲线间的间隔大小体现 β 值的大小。

（2）饱和区。将 $u_{CE} \leqslant u_{BE}$ 时的区域称为饱和区。此时，发射结和集电结均处于正向偏置，三极管失去了基极电流对集电极电流的控制作用，这时，i_C 由外电路决定，而与 i_B 无关。将此时所对应的 u_{CE} 值称为饱和压降，用 U_{CES} 表示。一般情况下，小功率管的 U_{CES} 小于 0.4 V（硅管约为 0.3 V，锗管约为 0.1 V），大功率管的 U_{CES} 约为 $1 \sim 3$ V。在理想条件下，$U_{CES} \approx 0$，三极管 c-e 之间相当于短路状态，类似于开关闭合。

（3）截止区。一般将 $i_B = 0$ 以下的区域称为截止区。此时，$i_B = 0$，$i_C = I_{CEO}$，发射结零偏或反偏，集电结反偏，即 $u_{BE} \leqslant 0$，$u_{CE} > 0$。这时，$u_{CE} = V_{CC}$，三极管的 c-e 之间相当于开路状态，类似于开关断开。

在实际分析中，常把以上三种不同的工作区域又称为三种工作状态，即放大状态、饱和状态和截止状态。见表 1-5 所示。

由以上分析可知，三极管在电路中既可以作为放大元件，又可以作为开关元件使用。

表1-5　晶体管的三种工作状态比较

状　态	u_{BE}	i_C	u_{CE}
截止	$< U_{on}$	I_{CEO}	V_{CC}
放大	$\geqslant U_{on}$	βi_B	$\geqslant u_{BE}$
饱和	$\geqslant U_{on}$	$< \beta i_B$	$\leqslant u_{BE}$

3. 温度对晶体管特性的影响

温度升高时 I_{CEO} 增大，β 增大，输入特性曲线左移，输出特性曲线上移且间距增大。

1.3.4　三极管的主要参数

三极管的参数是反映三极管各种性能的指标，是分析三极管电路和选用三极管的依据。三极管的参数多达数十种，本部分将介绍常用的几种参数。

1. 电流放大系数

（1）共射极电流放大系数。当三极管连接成共发射极放大电路时，输出电流与输入电流之比称为共射极电流放大系数。

①共射极直流电流放大系数 $\bar{\beta}$：

$$\bar{\beta} = \frac{I_C}{I_B} \qquad (1-12)$$

②共射极交流电流放大系数 β：

$$\beta = \frac{\Delta I_C}{\Delta I_B} \tag{1-13}$$

$\overline{\beta}$ 反映的是静态电流放大特性，β 反映的是动态电流放大特性，两者定义不同，但是，在放大区，两者数值相近，所以在一般估算时，可以认为 $\overline{\beta} \approx \beta$。

（2）共基极电流放大系数。当三极管连接成共基极放大电路时，输出电流与输入电流之比称为共基极电流放大系数。

①共基极直流电流放大系数 $\overline{\alpha}$：

$$\overline{\alpha} = \frac{I_C}{I_E} \tag{1-14}$$

②共基极交流电流放大系数 α：

$$\alpha = \frac{\Delta I_C}{\Delta I_E} \tag{1-15}$$

$\overline{\alpha}$ 越接近于 1，电流传输效率越高。通常 $\overline{\alpha}$ 可达 0.98 ~ 0.99。同样，一般估算时，可以认为 $\overline{\alpha} \approx \alpha$。

2. 极间反向电流

（1）集电极基极间反向饱和电流 I_{CBO}。I_{CBO} 的下标中的 O 是代表射极 E 开路。I_{CBO} 为在集电极与基极之间加上一定的反向电压时所对应的反向电流。该电流相当于集电结的反向饱和电流。这是由少子的漂移运动产生的电流，受温度的影响。在一定温度下，I_{CBO} 是一个常量；随着温度的升高 I_{CBO} 将增大，它是三极管工作不稳定的主要因素。在相同的环境温度下，硅管的 I_{CBO} 比锗管的小得多，因此温度稳定性比较强。

（2）集电极发射极间的反向饱和电流 I_{CEO}。I_{CEO} 相当于基极开路时，集电极和发射极间的反向饱和电流。该电流好像从集电极直通发射极一样，故称为穿透电流。I_{CEO} 和 I_{CBO} 一样，也是衡量三极管热稳定性的重要参数。因此选取三极管时，应尽量选择 I_{CEO} 和 I_{CBO} 比较小的三极管。

$$I_{CEO} = (1 + \overline{\beta}) I_{CBO} \tag{1-16}$$

3. 极限参数

（1）集电极最大允许电流 I_{CM}。当集电极电流 i_C 超过一定数值时，三极管电流放大系数 β 值下降，从而使三极管的性能下降，也使放大的信号产生严重失真。一般取 β 下降为正常值的 1/3 ~ 2/3 时的集电极电流称为 I_{CM}。

（2）反向击穿电压。

① U_{CEO}：基极开路时集电结不致击穿，施加在集电极与发射极之间允许的最大反向电压。

② U_{CBO}：发射极开路时集电结不致击穿，施加在集电极与基极之间允许的最大反向电压。

---

③ U_{EBO}：集电极开路时发射结不致击穿，施加在发射极与基极间允许的最大反向电压。

（3）集电极最大允许耗散功率 P_{CM}。集电极最大允许耗散功率是指三极管正常工作时集电极损耗的最大功率，它决定于管子的温升，选用管子时要结合散热条件考虑。管子损耗的功率会转化为热量，使集电结温度升高，引起晶体管参数的变化。当硅管的温度大于 150 ℃，锗管的温度大于 70 ℃时，三极管性能会明显变坏甚至会烧坏管子。

1.4 场效应管

场效应管（FET）是利用输入回路的电场效应来控制输出电流的一种半导体器件，是一种压控电流源。场效应管只依靠多数载流子导电，是单极型器件，也称单极型晶体管。从外形上看它与双极型晶体管没有区别，除了具备双极型晶体管体积小、寿命长、重量轻的特点，场效应管还具有输入电阻高达 $10^7 \sim 10^{12}$ Ω，且噪声低、热稳定性好、抗辐射能力强、耗电省的优点，已被广泛应用于各种电子电路。

场效应管有三个极：源极（s）、栅极（g）、漏极（d），对应于晶体管的 e，b，c；有三个工作区域：截止区、恒流区、可变电阻区，对应于晶体管的截止区、放大区、饱和区。

如图 1–27 所示，按结构的不同，场效应管可分为结型场效应管和绝缘栅型场效应管两大类；按导电沟道半导体材料的不同，场效应管可分为 N 沟道和 P 沟道两种；按导电方式来划分，场效应管又可分成耗尽型与增强型，结型场效应管均为耗尽型，绝缘栅型场效应管既有耗尽型也有增强型。目前在绝缘栅型场效应管中，MOS 场效应管（MOS–FET，金属 – 氧化物 – 半导体场效应管）应用最为广泛，简称 MOS 管。因此，按照上述分类，MOS 场效应管又可细分为 N 沟道增强型、P 沟道增强型、N 沟道耗尽型、P 沟道耗尽型四大类。

$$
场效应管
\begin{cases}
结型
\begin{cases}
N沟道(u_{GS}<0,\ u_{DS}>0) \\
P沟道(u_{GS}>0,\ u_{DS}<0)
\end{cases} \\
绝缘栅型
\begin{cases}
增强型
\begin{cases}
N沟道(u_{GS}>0,\ u_{DS}>0) \\
P沟道(u_{GS}<0,\ u_{DS}<0)
\end{cases} \\
耗尽型
\begin{cases}
N沟道(u_{GS}极性任意,\ u_{DS}>0) \\
P沟道(u_{GS}极性任意,\ u_{DS}<0)
\end{cases}
\end{cases}
\end{cases}
$$

图 1–27 场效应管分类

1.4.1 场效应管的结构

1.结型场效应管

N 沟道结型场效应管的结构示意图如图 1–28 所示。在 N 型半导体上制作两个高掺杂的 P 区（记作 P+ 区），并将它们连接在一起，所引出的电极称为栅极（g），N 型半导体的两端分别引出两个电极，称为源极（s）和漏极（d）。P+ 区和 N 区之间形成两个 P+N 结，在两个 P+N 结的中间地区是电子流通的通道，称为导电沟道，简称 N 沟道。反之，如果是在 P 型半导体上制作两个高掺杂的 N 区，则可形成一个 P 沟道结型场效应管。

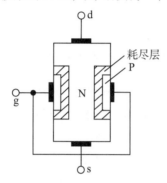

图 1–28 N 沟道结型场效应管结构示意图

2.绝缘栅型场效应管

与结型场效应管不同，绝缘栅型场效应管是一种利用半导体表面的电场效应来控制漏极电流的表面场效应器件。它的栅极与其他电极之间均采用 SiO_2 绝缘层隔离，处于绝缘状态，因而输入电阻可达 10^{10} Ω 以上。绝缘栅型场效应管也可以分为 N 沟道和 P 沟道两类，而且每一类又可分为增强型和耗尽型两种。

（1)N 沟道增强型 MOS 场效应管。所谓增强型，就是指 $u_{GS} = 0$ 时，没有导电沟道，即 $i_D =0$。

N 沟道增强型 MOS 场效应管的结构示意图和电路符号如图 1–29 所示。以一块掺杂浓度较低的 P 型半导体作为衬底，然后在其表面上覆盖一层 SiO_2 绝缘层，再在 SiO_2 绝缘层上刻出两个窗口，通过扩散工艺形成两个高掺杂的 N 型区（用 N+ 表示），并在 N+ 区和 SiO_2 绝缘层的表面各喷上一层金属铝，分别引出源极、漏极和控制栅极。衬底上也接出一根引线，通常情况下将它和源极在内部相连。

当 $u_{GS} > 0$ 且达到一定值时，在栅极下方会形成反型层将两个 N+ 区域连通，形成 N 型导电沟道，刚好能形成导电沟道的电压称为开启电压 $U_{GS(th)}$。所加 u_{GS} 越大导电沟道越宽，沟道电阻就越小，利用外加电压控制沟道宽度就能控制漏极电流的大小，因此这种场效应管是一种压控电流源。

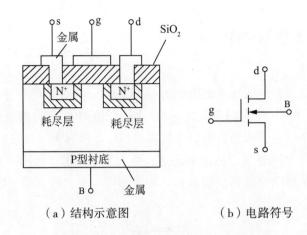

（a）结构示意图　　　　　（b）电路符号

图 1-29　N 沟道增强型 MOS 场效应管

（2）N 沟道耗尽型 MOS 场效应管。所谓耗尽型，就是在 $u_{GS} = 0$ 时，漏、源极间就有导电沟道存在。因为在制造这种管子时，已在 SiO_2 绝缘层中掺入了大量的正离子，在这些正离子产生的电场作用下，漏、源极间的 P 型衬底表面也能出现反型层，形成导电沟道。这样，只要加上正电压 u_{DS}，就能产生电流 i_D。

当 $u_{GS} > 0$ 时，导电沟道增宽，i_D 增大；当 $u_{GS} < 0$ 时，导电沟道变窄，i_D 减小。当 u_{GS} 负向增加到某一数值时，导电沟道消失，i_D 趋于零，管子截止，故称为耗尽型。沟道消失时的栅源电压称为夹断电压，用 $U_{GS(off)}$ 表示。N 沟道耗尽型 MOS 场效应管的结构示意图和电路符号如图 1-30 所示。

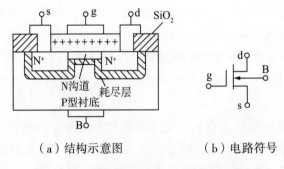

（a）结构示意图　　　　　（b）电路符号

图 1-30　N 沟道耗尽型 MOS 场效应管

由以上分析可知，N 沟道耗尽型 MOS 管在 $u_{GS} < 0$、$u_{GS} = 0$、$u_{GS} > 0$ 的情况下都可能工作，这是耗尽型 MOS 管的一个重要特点。

（3）P 沟道 MOS 场效应管。P 沟道 MOS 管和 N 沟道 MOS 管的结构正好对偶，N 型衬底、P 沟道，使用时注意其各电源电压极性与 N 沟道 MOS 管正好相反。P 沟道增强型 MOS 管的开启电压 $U_{GS(th)}$ 为负值，P 沟道耗尽型 MOS 管制作时是在绝缘层掺入负离子，其夹断电压 $U_{GS(off)}$ 为正值。P 沟道 MOS 场效应管的符号如图 1-31 所示。

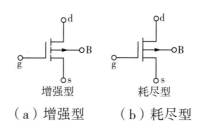

（a）增强型　　（b）耗尽型

图 1-31　P 沟道 MOS 场效应管

1.4.2　场效应管的工作原理

场效应管是一种电压控制电流型器件，通过改变栅源电压就可以控制其漏极电流的大小。下面以 N 型 MOS 管为例，介绍场效应管的工作原理。

1. N 沟道结型场效应管的工作原理

N 沟道结型场效应管正常工作时，应在栅极与源极之间加反向电压 u_{GS}，则栅极电流 $i_G \approx 0$，场效应管呈现很高的输入阻抗（10^7 Ω 以上）；而在漏极与源极之间加正向电压 u_{DS}，使漏极电位高于源极电位，N 沟道中的多数载流子（自由电子）从源极流向漏极，在外电路中，形成漏极电流 i_D，如图 1-32 所示。

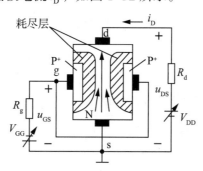

图 1-32　N 沟道结型场效应管工作原理

（1）u_{GS} 对导电沟道的控制作用

为便于讨论，先假设 $u_{DS} = 0$。当 $u_{GS} = 0$ 时，沟道处于最宽状态，沟道电阻最小，如图 1-33（a）所示；当 u_{GS} 由零向负值增大时，PN 结的耗尽层加宽，沟道变窄，沟道电阻增大，如图 1-33（b）所示；当 u_{GS} 增大到等于夹断电压 $U_{GS(off)}$ 时，两个 PN 结的耗尽层将合拢，沟道全部被夹断，此时 $i_D = 0$，漏极与源极间的电阻趋向无穷大，如图 1-33（c）所示。

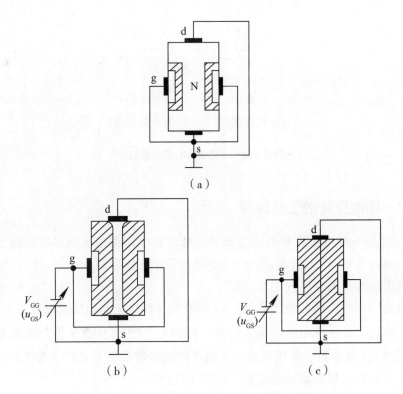

图 1-33 $u_{DS} = 0$ 时，u_{GS} 对导电沟道的控制作用

由上分析可知，改变栅源电压 u_{GS}，就可以改变沟道的电阻值大小。如果在漏、源之间加上正向电压 u_{DS}，使沟道内多子（自由电子）在电场的作用下由源极到漏极做定向移动，形成漏极电流 i_D，则改变 u_{GS} 就可改变 i_D，从而达到利用栅源电压 u_{GS} 产生的电场来控制沟道电流 i_D 的目的。

（2）u_{DS} 对导电沟道的影响

假设 $U_{GS(off)} < u_{GS} < 0$，在漏、源之间加上正向电压 u_{DS}。若 $u_{DS} = 0$，则 $i_D = 0$。当 u_{DS} 逐渐增加时，漏极电流 i_D 迅速增加，此电流将沿着沟道的方向产生一个电压降，这样沟道上各点的电位就不同，因而沟道内各点与栅极之间的电位差也就不相等。漏极端与栅极之间的反向电压最高，沿着沟道向下逐渐降低，使源极端为最低，两个 PN 结的耗尽层将出现楔形，使得靠近源极端沟道较宽，而靠近漏极端的沟道较窄，如图 1-34（a）所示。

此时，若继续增大 u_{DS}，使栅、漏间电压 U_{GD} 等于 $U_{GS(off)}$ 时，则在两个耗尽层将合拢，如图 1-34（b）所示，称为预夹断（只有一点夹断）。如果继续增大 u_{DS}，则一方面 i_D 随之增加，另一方面会使夹断区向源极端方向发展，沟道电阻增加，阻碍多子（自由电子）的定向移动。由于沟道电阻的增长速率与 u_{DS} 的增加速率基本相等，故这一期间 i_D 趋于一个恒定值，此时漏极电流 i_D 的大小仅取决于 u_{GS} 的大小，如图 1-34（c）所示。当 $|u_{GS}|$ 增加时，沟道电阻增加（有多点夹断），i_D 减小；反之，i_D 增大。

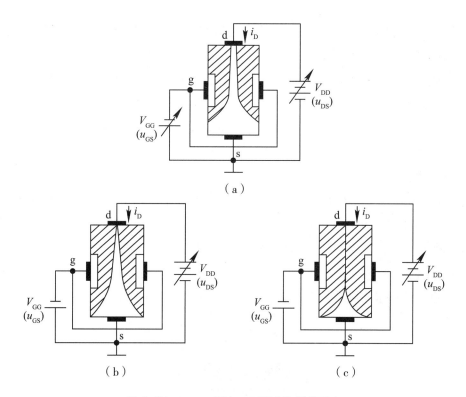

图 1-34　u_{GS} 一定时 u_{DS} 对导电沟道的影响

综上所述，关于结型场效应管可以得到以下结论：

①栅、源之间的 PN 结是反向偏置的，因此，$i_G \approx 0$，输入电阻很高；

②i_D 受 u_{GS} 控制，是电压控制电流的元件；

③预夹断前，i_D 与 u_{DS} 成近似线性关系；预夹断后，i_D 趋于饱和。

P 沟道结型场效应管的工作原理与 N 沟道结型场效应管相对应，用于放大时，使用的电源电压极性与 N 沟道结型场效应管正好相反。

2. N 沟道增强型场效应管的工作原理

结型场效应管是通过改变 u_{GS} 来控制 PN 结耗尽层的宽窄，从而改变导电沟道的宽度，达到控制漏极电流 i_D 的目的。而 MOS 场效应管则是利用 u_{GS} 的大小来控制半导体表面感应电荷的多少，从而达到控制漏极电流 i_D 的目的。

对 N 沟道增强型 MOS 场效应管，漏极和源极的两个 N^+ 区之间是 P 型衬底，因此漏、源之间相当于两个背靠背的 PN 结。所以，当 $u_{GS} = 0$ 时，无论漏、源之间加上何种极性的电压，总有一个 PN 结反向偏置，此时没有形成导电沟道，$i_D = 0$。

当 $u_{DS} = 0$，$u_{GS} > 0$ 时，在 SiO_2 绝缘层中，产生一个垂直半导体表面，由栅极指向 P 型衬底的电场。这个电场排斥空穴吸引电子，在靠近栅极附近的 P 型衬底中留下不能移动的负离子区，形成耗尽层。当 u_{GS} 增大到一定值 $U_{GS(th)}$ 时，P 型衬底的自由电子被吸引到耗尽层与绝缘层之间，形成一个 N 型薄层，称之为反型层，如图 1-35（a）

所示。这个反型层构成了漏、源之间的导电沟道，此时场效应管处于导通状态，若在漏、源之间加上正向电压 u_{DS}，则产生漏极电流 i_D，由此可见，$U_{GS(th)}$ 是使管子在 u_{DS} 作用下由截止变为导通的临界栅源电压，称为开启电压。u_{GS} 越大，反型层越厚，导电沟道电阻就越小，漏极电流 i_D 就越大。因此，改变 u_{GS} 的大小（改变 u_{GS} 产生电场的强弱）就能有效控制漏极电流 i_D 的大小，这就是场效应管的工作原理。这种 $u_{GS}=0$ 时漏极与源极间无导电沟道，只有当 u_{GS} 增加到一定值时才形成导电沟道的场效应管称为增强型场效应管。

当 $u_{GS} \geq U_{GS(th)}$ 时，u_{DS} 由零逐渐增大，漏极电流 i_D 将随 u_{DS} 上升而迅速增大。由于沟道存在电位梯度，故沟道在靠近源极端处厚、漏极端处薄，如图 1-35（b）所示。当 u_{DS} 增加到使 $u_{GD}=U_{GS(th)}$ 时，沟道在漏极处出现预夹断，如图 1-35（c）所示。随着 u_{DS} 继续增大，夹断区增长，沟道电阻增大，u_{DS} 的增大几乎全部用来克服夹断区的电阻维持沟道电流基本不变，i_D 几乎仅仅受控于 u_{GS}，场效应管工作于恒流区。

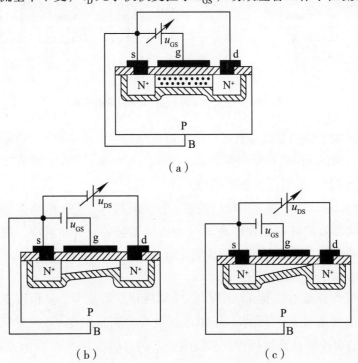

图 1-35　N 沟道增强型场效应管工作原理

1.4.3　场效应管的特性曲线

1. N 沟道结型场效应管的特性
N 沟道结型场效应管的特性有输出特性和转移特性两种，下面逐一加以分析。

（1）输出特性。输出特性指以栅源电压 u_{GS} 为参变量时，漏极电流 i_D 与漏源电压 u_{DS} 之间的关系：

$$i_D = f_1 (u_{DS})\big|_{u_{GS}=常数} \qquad\qquad (1-17)$$

图 1-36（a）是 N 沟道结型场效应管的输出特性。由图可见，管子的工作状态可分为以下 4 个区域。

①可变电阻区：当 u_{DS} 较小时，管子工作在非饱和区（可变电阻区），i_D 随 u_{DS} 增加而增加，见图 1-36（a）；而当 u_{DS} 较大时，管子工作在饱和区。可变电阻区与饱和区的分界线，即图中预夹断轨迹满足等式：

$$|u_{GD}| = |u_{GS} - u_{DS}| < |U_{GS(off)}| \qquad\qquad (1-18)$$

在可变电阻区内，当栅源电压不变时，i_D 随 u_{DS} 的增加近似呈线性上升的规律，且栅源电压越负，这一段输出特性曲线的斜率越小。因此，工作在该区域的结型场效应管可看作一个受栅源电压 u_{GS} 控制的压控电阻；u_{GS} 越负，压控电阻值越大，故称此区域为可变电阻区。

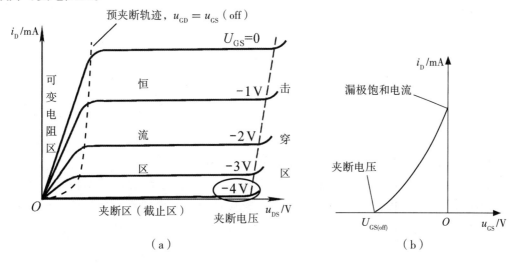

图 1-36　N 沟道结型场效应管的特性曲线

②饱和区（或称恒流区）：指图 1-36（a）中 u_{DS} 较大、i_D 基本上不随 u_{DS} 增加而增加的区域。因为该区域内特性曲线几乎水平，所以亦称恒流区。

在饱和区内，i_D 不随 u_{DS} 改变的原因在于：当 $u_{GD} = |U_{GS(off)}|$ 时，漏极附近的导电沟道已经合拢，这一情形称为预夹断，预夹断后，u_{DS} 增加，导电沟道被夹断部分变长，沟道电阻增大，但因 u_{DS} 和沟道电阻的增大大体平衡，u_{DS} 的增大几乎全部用来克服夹断区的电阻，故 i_D 基本不变。

在 $u_{GS} = 0$ V 的条件下，预夹断点的漏极电流称为饱和漏极电流，用 I_{DSS} 表示。

由于饱和区内 i_D 的大小只受 u_{GS} 的控制，所以工作在该区内的结型场效应管可以作为一个电压控制电流源。因管子作为放大器件使用时都工作在此区域，故也称此区为放大区。

③截止区（或称夹断区）：当 u_{GS} 小于夹断电压时，管子的导电沟道全部夹断，$i_D \approx 0$ mA，即图 1-36（a）中输出特性靠近横轴的狭窄区域。此时管子处于截止状态，与 BJT 在 $i_B \leq 0$ μA 时的情况相同。

④击穿区：指图 1-36（a）中右侧的区域。当结型场效应管工作在击穿区时，由于沟道夹断区中的电场强度很大，致使漏极附近的 PN 结产生雪崩击穿，i_D 急剧上升，甚至会烧坏管子。

若已知结型场效应管的 PN 结击穿电压 $U_{(BR)}$，则由下式可求得在不同的 u_{GS} 下，漏极附近产生击穿时的漏源电压 $U_{(BR)DS}$，即

$$u_{GS} - U_{(BR)DS} = U_{(BR)} \quad 或 \quad U_{(BR)DS} = u_{GS} - U_{(BR)} \quad (1-19)$$

将对应于不同的 u_{GS} 值的输出特性上 $u_{DS} = U_{(BR)DS}$ 的各点相连，即为放大区和击穿区的分界线。工程中不允许结型场效应管工作在击穿区。

（2）转移特性。转移特性指以 u_{DS} 为参变量时，漏极电流 i_D 与栅源电压 u_{GS} 之间的关系，即

$$i_D = f_2(u_{GS})\big|_{u_{DS}=常数} \quad (1-20)$$

转移特性反映了 u_{GS} 对 i_D 的控制作用，可以根据输出特性得到，因为这两者都反映了结型场效应管的 u_{DS}、i_D 和 u_{GS} 之间的关系。例如，在图 1-36（a）所示的输出特性中 $u_{DS} = 10$ V 处作一垂直线，将它与各条曲线相交处的纵坐标值 i_D 和相应的 u_{GS} 画入 $i_D - u_{GS}$ 坐标系中，就得到如图 1-36（b）所示的转移特性曲线。

由图 1-36（a）可知，在恒流区内，对应于一定的 u_{GS} 值的 i_D 基本恒定。故对应于不同的 u_{DS} 值的转移特性曲线几乎重合，通常只用一支曲线来表示恒流区内的转移特性（若在可变电阻区，则对应于不同的有不同的 u_{DS} 转移特性）。应当指出，在图 1-36（b）的转移特性上，$u_{GS} = 0$ V 处的 $i_D = I_{DSS}$（漏极饱和电流），而在 $i_D = 0$ mA 处的 $u_{GS} = U_{GS(off)}$。

实验表明，对于 N 沟道结型场效应管，在恒流区，转移特性可近似用下式描述：

$$i_D = I_{DSS}\left(1 - \frac{u_{GS}}{U_{GS(off)}}\right)^2 \quad (1-21)$$

若已知 I_{DSS} 和 $U_{GS(off)}$ 的值，将其代入上式，就可求出与某一 u_{GS} 值对应的 i_D 值，从而获得转移特性曲线。

2. N 沟道增强型 MOS 管特性曲线

N 沟道增强型 MOS 管的输出特性和转移特性分别如图 1-37 所示。

输出特性也分为可变电阻区、饱和区、截止区和击穿区 4 个区域。在图 1-37 所示的

输出特性上，可见管子的 $U_{GS(th)} = 5\ V$。图 1-37 所示的转移特性是根据测试条件 $u_{DS} = 10\ V$ 测出的。在饱和区内，不同的 u_{DS} 下测得的转移特性基本重合，所以通常用一支曲线表示。在转移特性 $i_D = 0\ mA$ 处的 u_{GS} 值即为开启电压 $U_{GS(th)}$。转移特性可以近似用下式表示：

$$i_D = I_{DO}\left(\frac{u_{GS}}{U_{GS(th)}} - 1\right)^2 \quad \left(u_{GS} > U_{GS(th)}\right) \tag{1-22}$$

式中，I_{DO} 是 $u_{GS} = 2U_{GS(th)}$ 时的 i_D 值。

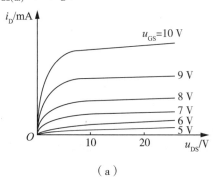

（a）

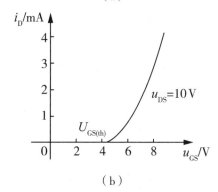

（b）

图 1-37　N 沟道增强型 MOS 管的特性曲线

1.4.4　场效应管的主要参数

场效应管的主要参数包括直流参数、交流参数、极限参数三部分。

1. 直流参数

（1）夹断电压 $U_{GS(off)}$。当 u_{DS} 一定时，使 i_D 减小到某一个微小电流（在技术指标中给出，一般为 5 μA）时所需的 u_{GS} 值。

（2）饱和漏极电流 I_{DSS}。在 $u_{GS} = 0$ 的条件下，场效应管发生预夹断时的漏极电流。对结型场效应管来说，I_{DSS} 也是管子所能输出的最大电流。

（3）开启电压 $U_{GS(th)}$。当 u_{DS} 一定时，漏极电流 i_D 达到某一数值（如 5 μA）时所需的 u_{GS} 值。

（4）直流输入电阻 R_{GS}。场效应管栅极与源极之间的直流等效电阻值，等于 u_{GS} 与 i_G 比值的绝对值。JFET 的 R_{GS} 一般大于 $10^7\ \Omega$。

2. 交流参数

（1）低频跨导 g_m。用来体现栅源电压对漏极电流的控制能力，或者说表征场效应管的放大能力。g_m 是指 u_{DS} 为某一确定值时，漏极电流的微小变化量与引起它变化的栅源电压的微小变化量之比，也就是转移特性曲线的斜率，即

$$g_m = \frac{\Delta i_D}{\Delta u_{GS}}\bigg|_{u_{DS}=常数} \qquad (1-23)$$

g_m 的单位是 S（西门子）或 mS。g_m 随管子的工作点不同而变化，i_D 越大，g_m 也越大。

（2）极间电容。C_{GS} 是栅、源极间存在的电容，C_{GD} 是栅、漏极间存在的电容。它们都是由 PN 结的势垒电容构成的，其大小一般为 $1 \sim 3$ pF。在低频情况下，极间电容的影响可以忽略，但在高频应用时，极间电容的影响必须考虑。

3. 极限参数

（1）最大漏极电流 I_{DM}：指场效应管正常工作时，漏极允许通过的最大电流。场效应管的工作电流不应超过 I_{DM}。

（2）最大耗散功率 P_{DM}：指场效应管的 u_{DS} 和 i_D 的乘积，即 $P_{DM} = u_{DS} \cdot i_D$。耗散产生的热量会使管子的温度上升，因此在使用时，场效应管实际功耗应小于 P_{DM} 并留有一定余量。

（3）栅源击穿电压 $U_{(BR)GS}$：栅、源极间的 PN 结发生反向击穿时的 u_{GS} 值，这时栅极电流由零急剧上升。

（4）漏源击穿电压 $U_{(BR)DS}$：在恒流区，管子沟道发生雪崩击穿引起 i_D 急剧上升时的 u_{DS} 值。对 N 沟道场效应管而言，u_{GS}（负值）越小，则 $U_{(BR)DS}$ 越小。

1.5 集成电路简介

1.5.1 集成电路制造工艺

集成电路简称 IC。集成电路的制造从切片开始，即首先将单晶体硅棒用切片机切割成薄片，经磨片、腐蚀、清洗、测试等工艺，获得厚薄均匀的硅片，然后反复应用氧化、光刻、扩散和外延等工艺技术制造出管芯，再经划片、压焊引出线、测试和封装等工序，最后才制成了集成电路。

1. 工艺名词简介

（1）氧化：将硅片放在先抽成真空再通入纯氧的氧化炉中，然后使炉温升高到 800～1 200 ℃，在硅片表面上形成一层 SiO_2 薄膜，用以防止芯片受到外界杂质的污染。

（2）光刻：利用照相、粗缩、精缩等制版工艺技术，将制备 IC 所需的有关图形光刻在硅片上。

（3）扩散：将磷、砷、硼等杂质元素的气体按照制成 P 型或 N 型半导体的要求，引入放有硅片的扩散炉中，炉温控制在 1 000 ℃左右。经过规定的时间（如 2 h）后，硅片上即形成 P 区、N 区和 PN 结。

（4）外延：在半导体基片（称为衬底）上获得与基片结晶轴同晶向的半导体薄层。该薄层称为外延层，它的作用是保证半导体表面性能均匀。

（5）蒸铝：在真空中将铝蒸发，使之沉积在硅片表面上，为封装时引出接线做准备。

2. PN 结隔离技术

由于 IC 中所有的元器件都制作在同一块硅片上，为了保证电路的性能，各元器件之间必须实行绝缘隔离。目前集成工艺中最常用的是 PN 结隔离，其次是介质隔离。PN 结隔离是利用反向偏置的 PN 结具有很高的电阻这一特点，把各元器件所在的 N 区或 P 区四周用反向偏置的 PN 结包围起来，使各元器件之间形成绝缘隔离；介质隔离是利用 SiO_2 把各元器件所在的区域包围起来以实现隔离。

1.5.2 集成电路的特点

采用标准工艺制造的 IC 中的元器件，与分立元件相比有一些特点。

（1）IC 中的元器件都是成批制造的，因此单个元器件精度不高，受温度影响也大。但由于 IC 用相同的工艺在同一块硅片上制造，故元器件的性能参数比较一致，对称性好，特别适合组成差动放大电路。

（2）由于电阻是用 P 区（相当于 NPN 管的基区）体电阻制成，一般在几十欧到几十千欧之间，阻值太高或太低的电阻都不易制造。故在 IC 中，大电阻用有源负载（恒流源）代替，因为制造管子比制造大电阻还节省硅片面积，工艺也不复杂，所以在集成电路中，管子用得多而电阻用得少。

（3）电容值一般不能超过 100 pF，需要用大电容时可以外接；电感更不易制造，应尽量避免使用。

（4）在分立元件电路中，可同时使用 NPN 型和 PNP 型 BJT、FET、硅稳压管、大电阻和大电容等。但在 IC 中，为了不使工艺太复杂，应尽量采用单一类型的管子，元件种类要少，偏置也改用电流源提供。这样，集成电路与分立元件电路相比，在形式上就有相当大的特点和差别，分析时要加以注意。

（5）在 IC 中，NPN 管都制成纵向管，β 值较大；而 PNP 管多制成横向管，β 值很小，但 PN 结耐压高。因此在 IC 中，NPN 管和 PNP 管无法配对使用。另外，在分析横向 PNP 管的工作情况时，β 和（β +1）差别较大，不能认为近似相等；又由于 β 为 1～5，i_B 和 i_C 值相差不太大，且 i_B 往往不能忽略。

本章小结

本章主要介绍半导体的基础知识，阐述了半导体二极管、三极管和场效应管的工作原理，特性曲线，主要参数以及集成电路简介。

（1）杂质半导体和 PN 结。半导体是导电能力介于导体和绝缘体之间的物质。它的导电能力随温度、光照或掺杂不同而发生显著变化。在本征半导体中掺入不同的杂质，可以得到 N 型半导体和 P 型半导体，控制掺入杂质的多少就可以有效地改变其导电性，从而实现导电性能的可控性。半导体中有两种载流子：自由电子和空穴。载流子有两种运动方式：因浓度差而产生的扩散运动；因电位差而产生的漂移运动。采用一定的工艺措施，使 P 型和 N 型半导体结合在一起，就形成 PN 结。PN 结具有单向导电性、伏安特性、击穿特性和电容特性。

（2）半导体二极管。PN 结具有单向导电性，PN 结的单向导电性是构成半导体器件的重要特性。把一个 PN 结封装起来引出金属电极便可构成二极管。二极管可用于整流、开关、限幅等电路中，在使用时可利用理想二极管模型来简化分析计算。利用 PN 结的特性可做成稳压二极管、发光二极管、光电二极管等常用的特殊二极管，可以用在稳压电路、自动控制电路、高频电路等不同应用环境中。

（3）双极型晶体管。双极型晶体管是由两个 PN 结组成的三端有源器件，分 NPN 型和 PNP 型两种类型，无论哪种类型，其内部均有两个 PN 结（发射结和集电结），三个区域（发射区、基区和集电区），三个电极（发射极 e、基极 b 和集电极 c）。三极管是放大电路的核心器件，其实现放大作用的内部条件是：基区很薄，掺杂浓度低；发射区掺杂浓度高，使得多数载流子浓度也很高；集电结截面积要大于发射结截面积。外部条件是：发射结正向偏置，集电结反向偏置。三极管有饱和区、放大区和截止区三个工作区域。

（4）场效应管。场效应管分为结型场效应管和绝缘栅型场效应管两大类，每种类型又可以分为 P 沟道和 N 沟道，同一种沟道的 MOS 管又分耗尽型和增强型。场效应管工作在恒流区时，利用栅源电压就可以改变导电沟道的宽窄，从而控制漏极电流 i_D。场效应管的特性可用转移特性曲线和输出特性曲线来描述。其性能可以用 g_m、$U_{GS(off)}$、$U_{GS(th)}$ 等一系列参数来表征。和三极管类似，场效应管有夹断区、恒流区和可变电阻区三个工作区域。

（5）集成电路简介。IC 是 20 世纪 60 年代初期发展起来的一种半导体器件，它采用特殊设计的生产工艺，先把三极管、场效应管、二极管、电阻、小电容以及连接导线所组成的整个电路，制作（集成）在一小块硅片上，然后再做出若干个引出端（管脚），最后封装在一个管壳内，构成一个完整的、具有一定功能的器件，因此又称为固体组件或芯片。由于它的元件密度高、连线短、体积小、重量轻、功耗低，外部接线及焊点大为减少，所以提高了电子设备的可靠性和使用灵活性，不但降低了成本，而且实现了元件、电路和系统的紧密结合，为电子技术的发展开辟了一个崭新的时代。

思考与练习

（1）三极管具有两个 PN 结，能否把两个二极管反向串联起来作为一个三极管用？为什么？

（2）发射区和集电区都是同类型的半导体材料，发射极和集电极可以互换吗？为什么？

（3）场效应管可分为哪几类？场效应管使用、存储和运输中有哪些注意事项？

（4）如图所示电路中稳压管的 $U_Z = 6\ \text{V}$，$I_{Z\,\min} = 5\ \text{mA}$，$I_{Z\,\max} = 20\ \text{mA}$。

①分别计算 U_i 为 10 V、15 V、30 V 三种情况下输出电压 U_o 是多少？

②若 $U_i = 35\ \text{V}$ 时负载开路，则会出现什么现象？为什么？

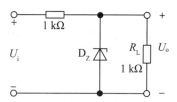

（5）现有几只二极管，外观已无法辨认，如何辨别其正负极、材料（硅管还是锗管）？大概估计其功率大小，区分其是普通二极管还是稳压二极管。

（6）现有几只 BJT 三极管，外观已无法辨认，辨别其 e、b、c 电极，材料（硅管还是锗管），放大倍数，大概估计其功率大小。

（7）在网上搜索二极管、三极管、场效应管的图片至少各一张，用文字说明管子的型号。在课上采用投屏演示并解说，要求解释型号中每一个数字和字母的含义，说明该管子的类别和用途。

（8）查找资料和信息，完成一篇 3 000 字左右的小论文，题目：当前我国电子技术和产业发展的困境与出路。

第 2 章　基本放大电路

2.1　放大电路概述

2.1.1　放大电路的概念

放大电路是模拟电子电路中最基本、最常用的典型电路。放大电路是电子设备中不可缺少的组成部分，它的主要功能是放大电信号，即把微弱的输入信号（电流、电压或功率）通过电子器件的控制作用，将直流电源功率转换成一定强度的、随输入信号变化的输出信号。

放大电路放大的对象是变化量，放大的本质是能量的控制和转换。能够控制能量的元件称为有源元件，如三极管、场效应管和集成运放。

对放大电路的基本要求，除了将信号放大外，还要求放大后的电信号不失真。三极管和场效应管是放大电路的核心元件，只有它们工作在合适的区域（即三极管工作在放大区、场效应管工作在恒流区），才能使输出量和输入量始终保持线性关系，即电路才不会产生失真。

由于任何稳态信号都可分解为若干频率的正弦信号的和的形式，因此放大电路以正弦信号为测试信号。

2.1.2　放大电路的基本结构

放大电路的基本结构主要由信号源、放大电路、负载和直流电源组成。

在电子电路中，放大的对象是小信号变化量。信号源提供需要放大的小信号，信号源可以将日常生活的非电信号（温度、压力、湿度……）转化为模拟电信号（电压、电流）。在多级放大电路中，前一级的输出信号也可以作为后一级的信号源。信号源可以等效为电压源和电流源，R_s 为信号源内阻，理想电压源的内阻 $R_s \approx 0$，理想电流源的内阻 $R_s \approx \infty$。

基本放大电路由晶体管或场效应管为核心构成，此时要求晶体管工作在放大区，场效应管工作在恒流区。单级放大电路结构简单，但性能较差，若单级放大电路达不到实际要求，可将多个单级放大电路组合构成多级放大电路，以提高电路性能。放大的前提是信号不失真，如果输出信号产生失真则放大就失去意义。保证信号不失真的前提是放大电路要有合适的静态工作点。放大的特征为功率放大，表现为输出电压大于输入电压，或者输出电流大于输入电流，或者二者兼而有之。

直流电源一方面为半导体三极管提供合适的偏置，保证管子工作在放大区，不失真地放大信号，另一方面承担了能量转换的作用。放大的本质是在输入小信号的作用下，通过有源元件对直流电源进行转换和控制，使负载从电源中获取能量更大的信号。

2.1.3　放大电路的基本性能指标

对于信号而言，任何一个小信号放大电路都可以用一个二端口网络来描述，如图 2-1 所示。其中一个端口作为输入端，与信号源 $\dot{U}_s$ 相连，R_s 是信号源内阻；另一个端口作为输出端，与负载 R_L 相连。为了衡量放大电路的性能，规定了各种技术指标。

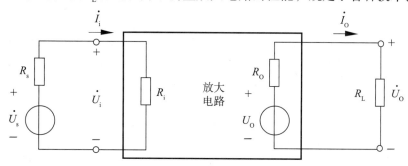

图 2-1　放大电路的示意框图

1. 放大倍数 $\dot{A}$

（1）电压放大倍数 $\dot{A}_u = \dfrac{\dot{U}_o}{\dot{U}_i}$ 　　　　　　　　　　　　　　　（2-1）

（2）电流放大倍数 $\dot{A}_i = \dfrac{\dot{I}_o}{\dot{I}_i}$ 　　　　　　　　　　　　　　　（2-2）

（3）互阻放大倍数 $\dot{A}_r = \dfrac{\dot{U}_o}{\dot{I}_i}$ 　　　　　　　　　　　　　　　（2-3）

（4）互导放大倍数 $\dot{A}_g = \dfrac{\dot{I}_o}{\dot{U}_i}$ 　　　　　　　　　　　　　　　（2-4）

2. 输入电阻 R_i

由于信号源向放大电路提供信号，因此放大电路即是信号源的负载。在中频段可用一个负载电阻表示，称为放大电路的输入电阻。相当于从放大电路的输入端看进去的等效电路。输入电阻的大小等于外加正弦输入电压与相应的输入电流之比，即：

$$R_i = \dfrac{\dot{U}_i}{\dot{I}_i}$$ 　　　　　　　　　　　　　　　（2-5）

R_i 越大，表明放大电路从信号源索取的电流就越小，即放大电路所得到的输入电压 $\dot{U}_i$ 越接近信号源电压 $\dot{U}_s$。

3. 输出电阻 R_o

放大电路输出端对其负载而言相当于信号源，输出电阻是从放大电路的输出端看进去的等效电阻。输出电阻反映了放大电路带负载的能力，输出电阻越小，带负载能力越强。

4. 最大不失真输出电压

最大不失真输出电压是在不失真的前提下能够输出的最大电压，即当输入电压再增大就会使输出波形产生非线性失真时的输出电压，一般以幅值 U_{om} 表示。

5. 通频带 f_{BW}

通频带用于衡量放大电路对不同频率信号的放大能力。由于放大器件本身存在极间电容，且一些放大电路中还接有电抗性元件，因此放大电路的放大倍数将随信号频率的变化而变化。如图 2-2 所示为某放大电路的放大倍数与信号频率的关系曲线，称为幅频特性曲线。当频率升高或降低时，放大倍数都会减小；而在中间一段范围内，放大倍数基本不变，这一区间称为中频段。

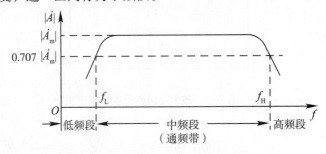

图 2-2　放大电路的幅频特性曲线

以 $\dot{A}_m$ 表示中频放大倍数，当放大倍数下降到 $0.707\left|\dot{A}_m\right|$ 时，对应的频率分别称为下限截止频率 f_L 和上限截止频率 f_H，则 f_L 和 f_H 间的频率范围称为通频带，即

$$f_{BW} = f_H - f_L \tag{2-6}$$

通频带越宽，表明放大电路对不同频率信号的适应能力越强。

6. 最大输出功率与效率

最大输出功率是指在输出信号没有明显失真的前提下，放大电路能够向负载提供的最大输出功率。

直流电源能量的利用率称为效率，用 η 表示，大小为最大输出功率 P_{om} 与直流电源消耗的功率 P_v 之比，即

$$\eta = \frac{P_{om}}{P_v} \tag{2-7}$$

η 越大，表明电源的利用率越高。

2.2　放大电路分析方法

2.2.1　放大电路的组态

以晶体三极管 BJT 放大电路为例，电路将构成输入回路和输出回路两部分，而三极管的三个电极中任何一个都可以作为两个回路的公共端，从而形成三种不同的接法，即共射极、共集电极和共基极。

为了了解放大电路的组成与工作原理，掌握放大电路的分析方法，这里以基本的共射放大电路为例进行介绍。

2.2.2　基本共射极放大电路的工作原理

图 2-3 为双电源供电基本共射放大电路，图中采用的三极管为 NPN 型硅管，它是该放大电路的核心元件。输入信号通过三极管的控制作用，控制直流电源所供给的能量，从而在输出端获得一个被放大了的输出信号。

集电极电源 V_{CC} 为电路提供能量，并保证集电结反偏。基极电阻 R_b 一般为几十千欧至几百千欧，和基极电源一起提供合适的静态工作点，以及保证发射结正偏。

电容 C_1、C_2 称为耦合电容（一般为几微法到几十微法），起到隔直流通交流的作用。对于直流信号，电容 C_1、C_2 可视为开路，隔离了交流信号源与放大器、放大器与负载之间的直流通路，使放大器的直流工作状态不受外界因素的影响；对于交流信号，由于电容 C_1、C_2 的容量较大，所以容抗较小，可视为短路，交流信号可以顺利通过。

集电极电阻 R_c（一般在几千欧到几十千欧）的作用是将变化的集电极电流 i_C 转化为变化的集电极电压 u_{CE}。

图 2-3 用了两个直流电源，这在实践中是非常不方便的，因此需要将电路改进为单电源供电的方式，将两个电源简化为一个，如图 2-4 所示，这也是共射放大电路的工程习惯画法，也称为固定偏置放大电路。

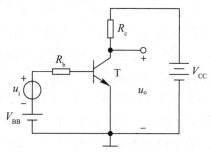

图 2-3　双电源供电基本共射放大电路

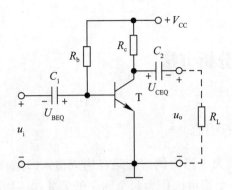

图 2-4　基本共射放大电路

1. 电路组成原则

（1）保证工作在放大区，图 2-4 所示中 V_{CC} 保证三极管 T 的发射结正偏、集电结反偏。同时 V_{CC} 一方面通过 R_b（一般为几十千欧到几百千欧）提供一个合适的基极偏置电流，另一方面通过 R_c（一般为几千欧到几十千欧）将集电极电流的变化转换为电压的变化 $u_{CE} = V_{CC} - i_C R_c$。

（2）保证交流信号的输入和输出。图 2-4 所示中 C_1、C_2 为耦合电容，其作用是"隔离直流、通过交流"。耦合电容的容量应足够大，即对于交流信号近似为短路。

2. 电路工作原理

输入端的交流电压 u_i 通过 C_1 加到三极管的发射结，从而引起基极电流 i_B 相应的变化。i_B 的变化使集电极电流 i_C 随之变化。i_C 的变化量在集电极电阻 R_c 上产生压降。集电极电压 $u_{CE} = V_{CC} - i_C R_c$，当 i_C 的瞬时值增加时，u_{CE} 就要减少，所以 u_{CE} 的变化与 i_C 的变化相反。u_{CE} 中的变化量经过 C_2 耦合到输出端，成为输出电压 u_o。如果电路参数选择合适，u_o 的幅度将比 u_i 大得多，从而实现放大。

2.2.3　直流通路和交流通路

放大电路的基本分析包括对交流输入信号的不失真放大能力、输入 / 输出电阻、频带宽度等。要保证得到合适的性能指标，要求放大电路处于合理的工作状态，首先是交流信号没有加入前，也就是静态，电路能处于放大区，这是实现交流信号放大的前提，然后是在信号加入后能进行不失真的电压、电流和功率放大。因此，放大电路的分析可以分为直流静态分析和交流动态分析，分析放大电路应遵循"先静态，后动态"的原则，只有 Q 点合适，动态分析才有意义。常用的分析方法有图解法和微变等效电路法。对于大信号，由于 BJT 是非线性器件，难以用简单的数学表达式来描述，可采用图解法，利用特性曲线来进行分析。而在交流小信号范围内，BJT 的非线性可以作近似线性化的处理，从而可以采用微变等效电路法分析电路的各项交流动态参数，也就是建立线性参数模型后用线性电路方法进行研究，使放大电路的分析得以简化。

在放大电路中，直流信号与交流信号的作用是共存的，但由于电抗性元件的存在，使得直流信号所经过的通路与交流信号所经过的通路是不同的。因此，为了分析问题的方便，分析放大电路时，常把直流电源对电路的作用和输入信号对电路的作用区分开来，分为直流通路和交流通路。

直流通路是在直流电源的作用下，直流电流所流经的通路。直流通路用于研究静态工作点。画直流通路时，电容视为开路，信号源视为短路，但要保留其内阻，电感线圈视为短路（线圈电阻近似为 0）。

交流通路是在输入信号的作用下，交流信号所流经的通路，用于研究动态参数。画交流通路时，大容量电容视为短路，无内阻的直流电源视为短路。

根据上述原则，图 2-4 所示的基本共射放大电路的直流通路如图 2-5（a）所示，交流通路如图 2-5（b）所示。

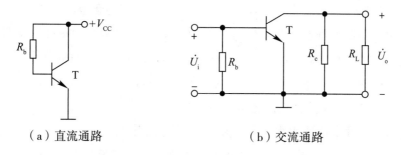

（a）直流通路　　　　　　　　（b）交流通路

图 2-5　基本共射放大电路直流通路和交流通路

2.2.4　图解分析法

利用三极管的特性曲线，直接用作图的方法对放大电路进行分析即为图解法。

1. 静态分析

（1）画出直流通路，如图 2-5（a）所示，由基极回路确定基极电流，即 $I_{BQ} = \dfrac{U_{CC} - U_{BEQ}}{R_b}$。

（2）根据输出回路方程 $V_{CC} = i_C R_c + u_{CE}$，在三极管输出特性曲线图中确定该直线：它与横轴的交点为（V_{CC}，0），与纵轴的交点为（0，V_{CC}/R_c），斜率为 $-1/R_c$。由于该直线是由直流通路所确定的，因此该直线称为直流负载线。

（3）找出 $i_b = I_{BQ}$ 这条输出特性曲线与直流负载线的交点即为 Q 点（U_{CEQ}，I_{CQ}），如图 2-6 所示。

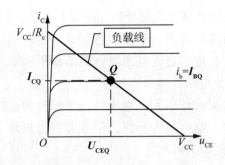

图 2-6 图解法求静态工作点

2. 动态分析

图解法动态分析，就是已知 Q 点，根据输入电压 u_i，通过三极管的输入、输出特性曲线来确定输出电压 u_o，从而得到 u_o 与 u_i 的相位关系和动态范围。

（1）根据 u_i 在输入特性曲线上求 i_B。如图 2-7（a）所示，当正弦小信号 u_i 加到输入端时，u_{BE} 将在静态时的 U_{BEQ} 上叠加一个交流量 u_i，根据 u_{BE} 的变化规律，可以在输入特性曲线上得到 i_B 的波形。同样，i_B 也是在静态时的 I_{BQ} 基础上叠加一个交流分量。由图 2-7（a）可知，i_B 在 i_{B1} 和 i_{B5} 之间变动。

（2）根据 i_B 在输出特性曲线上求 i_C 和 u_{CE}。放大电路加入 u_i 后，i_B 的变动将引起工作点的移动。假设 $i_B = i_{B5}$ 和 $i_B = i_{B1}$ 两条输出特性曲线与负载线的交点是 a 和 b，直线段 ab 就是放大电路工作点移动的轨迹，称为动态工作范围。

由图 2-7（b）可见，在 u_i 的正半周，i_B 先由 I_{BQ} 增大到 i_{B5}，放大电路的工作点将由 Q_0 点移到 a 点，相应的 i_C 由 I_{CQ} 增加到最大值，而 u_{CE} 由原来的 U_{CEQ} 减小到最小值；然后 i_B 由 i_{B5} 减小到 I_{BQ}，放大电路的工作点将由 a 点回到 Q_0 点，相应的 i_C 也由最大值回到 I_{CQ}，而 u_{CE} 则由最小值回到 U_{CEQ}。在 u_i 的负半周，其变化规律恰好相反，放大电路的工作点先由 Q_0 点移到 b 点，再由 b 点回到 Q_0 点。其中 u_{CE} 的波形如图 2-7（b）中的波形①所示。

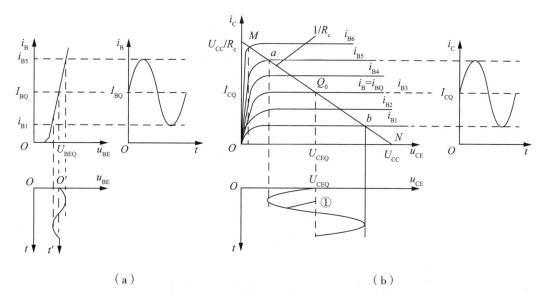

图 2-7　动态分析共射极电路的图解

综上分析，可总结得出如下几点。

（1）没有输入信号时，三极管各电极都是恒定的直流电流和电压（I_{BQ}、I_{CQ}、U_{CEQ}），当输入端加入输入信号后，i_B、i_C、u_{CE} 都在原来静态直流量的基础上叠加了一个交流量，它们的方向始终没变。

（2）u_{CE} 中的交流分量 u_{ce}（即经 C_2 隔直后的交流输出电压 u_o）的幅度远比 u_i 的大，且同为正弦波电压，体现了放大作用。

（3）u_o（u_{ce}）与 u_i 相位相反。这种现象称为放大电路的反相作用，因而共射放大电路又称反相电压放大电路。

3. 非线性失真

（1）交流负载线。放大电路加入 u_i 后，电路处在动态的工作状态，此时工作点移动所遵循的负载线称为交流负载线。交流负载线应具备两个特点：第一，当 $u_i = 0$ 时，电路的工作状态与静态下的相同，所以它必定通过 Q 点；第二，若接入负载电阻 R_L，由共射极放大电路的交流通路可得 $u_o = u_{ce} = -i_c(R_c /\!/ R_L) = -i_c R_L'$，因此，交流负载线的斜率为 $-1/R_L'$。因此，只要过 Q 点作一条斜率是 $-1/R_L'$ 的直线即是交流负载线，如图 2-8 所示。

由上可知，交流负载线的方程是 $u_{CE} = V_{CC}' - i_c R_L'$，其中 V_{CC}' 是交流负载线与横轴的交点，数值是 $U_{CEQ} + I_{CQ} R_L'$。

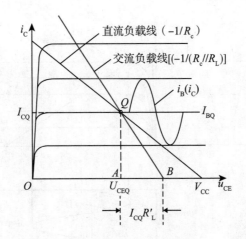

图 2-8 交流负载线

若 $R_L = \infty$，即负载开路时，$R_L = R_c$，则交流负载线方程可转换为 $u_{CE} = V_{CC} - i_C R_c$，即交流负载线与直流负载线重合。

值得说明的是，以上分析是基于放大电路与负载阻容耦合的情况下得出的结论。

（2）非线性失真的分析。由于三极管是非线性元件，因此在放大电路中，如果输入信号过大或者工作点选择不当，都能引起输出电压失真，这种由于三极管非线性引起的失真称为非线性失真。

图 2-9（a）所示为 Q 点设置过低所引起的失真，如 Q_1 点，则在 u_i 负半周，三极管进入截止区，从而引起了 i_B、i_C 和 u_o（u_{CE}）的失真，这种失真称为截止失真，输出电压 u_o 的波形在顶部出现失真。为了消除截止失真，应设法增大 I_{BQ}，减小 R_b，使 Q 点上移。

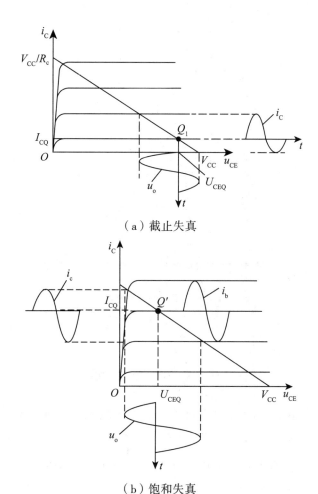

（a）截止失真

（b）饱和失真

图 2-9 非线性失真

图 2-9（b）所示为 Q 点设置过高所引起的失真，如 Q' 点，则在 u_i 正半周，三极管进入饱和区，虽然 i_B 不失真，但 i_C 不再随 i_B 的增大而线性增大，从而引起 i_C 和 u_o（u_{ce}）的失真，这种失真称为饱和失真，输出电压 u_o 的波形在底部出现失真。饱和失真产生于晶体管的输出回路。为了消除饱和失真，可增大 R_b，减小 R_c，使 Q 点下移。

（3）最大不失真输出电压。为了使输出电压不失真，应使放大电路工作在线性区（放大区），根据图解分析，可以画出最大不失真输出电压的波形，如图 2-10 所示。

图中曲线①即为 $R_L = \infty$ 时的最大不失真输出电压波形，此时最大不失真输出电压的幅值 $U_{om} = \min\left\{\left(U_{CEQ} - U_{CES}\right),\left(V_{CC} - U_{CEQ}\right)\right\}$；图中曲线②为 $R_L \neq \infty$ 时的最大不失真输出电压波形，此时最大不失真输出电压的幅值 $U_{om} = \min\left\{\left(U_{CEQ} - U_{CES}\right),\left(V'_{CC} - U_{CEQ}\right)\right\}$ $= \min\left\{\left(U_{CEQ} - U_{CES}\right), I_{CQ}R'_L\right\}$。

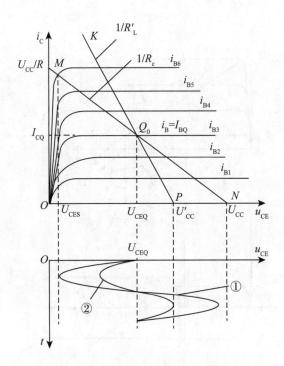

图 2-10　最大不失真输出电压分析

为了使 U_{om} 尽可能大，应将 Q 点设置在放大区内负载线的中点，也就是，若 $R_L = \infty$，则使 $U_{CEQ} - U_{CES} = V_{CC} - U_{CEQ}$；若 $R_L \neq \infty$，则使 $U_{CEQ} - U_{CES} = I_{CQ}R'_L$。

值得注意的是，最大不失真输出电压应取两者中的最小值，如果用有效值表示则还要除以 $\sqrt{2}$。

图解分析法可以直观地反映输入电压与输出电流、输出电压的关系，形象地反映了工作点不适合引起的非线性失真。但是用图解法进行定量分析时误差也较大，且不适合动态分析。在实际应用中，图解法多用于分析 Q 点位置、最大不失真输出电压和失真情况等。

以上讨论了图解分析法，其特点是可以直观、全面地了解电路的工作情况，能在特性曲线上合理设置 Q 点（靠合理选择电路参数做到这一点），并能大致地估算动态工作范围。其缺点是需要在输入特性、输出特性上作图，比较烦琐，误差也较大；当信号频率较高时，特性曲线将不适用；对于分析电路的其他性能指标，如交流输入电阻、输出电阻及分析计算负反馈放大电路等就比较困难。因此，有必要研究更加简便、有效的方法。

2.2.5　微变等效电路法

若放大电路的输入电压变化幅度微小，则可将晶体管的特性曲线在小范围内近似地用直线来代替，从而把 BJT（或 FET）这一非线性器件组成的电路当作线性电路来处理，这就是运用微变等效电路法的指导思想。该方法将线性电路理论与分析非线性电子电路相结合，能够有效、方便地解决许多电子工程的实际问题，是求解放大电路的另一种有用的工具。这里所说的"微变"，顾名思义，是指微小变化量的意思，即晶体管在小信号作用的条件下。在此条件下推导出的线性模型，称为晶体管的微变等效模型。

1. 三极管的 h 参数微变等效电路

三极管在共射极接法时，可表示为图 2-11 所示的双口网络。

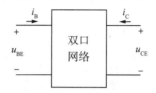

图 2-11　共射电路的双口网络

图中输入回路及输出回路电压、电流的关系可以表示为

$$u_{BE} = f_1(i_B, u_{CE}) \tag{2-8}$$

$$i_C = f_2(i_B, u_{CE}) \tag{2-9}$$

假定三极管是在小信号下工作，考虑电压、电流之间的微变关系，对上式取全微分，得

$$\begin{cases} du_{BE} = h_{ie}di_B + h_{re}du_{CE} \\ di_C = h_{fe}di_B + h_{oe}du_{CE} \end{cases} \tag{2-10}$$

当电压、电流的变化没有超过特性曲线的线性范围时，无限小的信号增量就可以用电压、电流的交流分量来代替，这样以上两式可写成下列形式。

$$\begin{cases} u_{be} = h_{ie}i_b + h_{re}u_{ce} \\ i_c = h_{fe}i_b + h_{oe}u_{ce} \end{cases} \tag{2-11}$$

式中，h_{ie}、h_{re}、h_{fe}、h_{oe} 称为三极管在共射极接法下的 h 参数，其中：

（1）$h_{ie} = \left. \dfrac{\partial u_{BE}}{\partial i_B} \right|_{U_{CEQ}} \tag{2-12}$

表示三极管输出端交流短路时 b-e 间的动态电阻（输入电阻），单位为欧姆（Ω），习惯用 r_{be} 表示；

（2）$h_{fe} = \left. \dfrac{\partial i_C}{\partial i_B} \right|_{U_{CEQ}} \tag{2-13}$

表示三极管输出端交流短路时的正向电流传输比或电流放大系数（无量纲），习惯用 β 表示；

（3）$h_{re} = \left. \dfrac{\partial u_{BE}}{\partial u_{CE}} \right|_{I_{BQ}} \tag{2-14}$

表示三极管输入端交流开路时的反向电压传输比（无量纲），也称为内反馈系数；

（4）$h_{oe} = \dfrac{\partial i_C}{\partial u_{CE}}\bigg|_{I_{BQ}}$ （2-15）

表示三极管输入端交流开路时 c-e 间的电导（输出电导），单位为西门子（S）。

由上述方程组可得三极管 h 参数微变等效电路，如图 2-12（a）所示。这里的电压源和电流源不是独立电源，它们的数值和方向都受到电路中对应参数的控制，是受控电源。

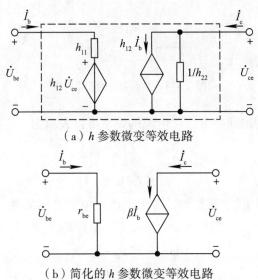

（a）h 参数微变等效电路

（b）简化的 h 参数微变等效电路

图 2-12 三极管 h 参数微变等效电路

一般情况下，共发射极接法时的 h 参数典型值为：

$$h_{ie} \approx 1.4 \text{ k}\Omega, \quad h_{fe} \approx 50, \quad h_{re} \approx 5\times10^{-4}, \quad h_{oe} \approx 5\times10^{-5} \text{ S}$$

可见，h_{oe} 和 h_{re} 相对很小，$u_{ce} \geq 1$ 的情况下 h_{re} 可以忽略，$1/h_{oe} \geq R_L$ 的情况下 h_{oe} 的作用可忽略不计，所以在微变等效电路中常常被忽略掉，这在工程计算上不会带来显著的误差，则可用 r_{be} 代替 h_{ie}，用 β 代替 h_{fe}，可将三极管的微变等效电路简化为图 2-12（b）所示的形式。值得注意的是，这种等效只有管子工作于交流小信号时才能等效。

另外，在微变等效电路参数中，β 一般由三极管的数据手册直接给出来，而 r_{be} 则可表示为

$$r_{be} = r_{bb'} + (1+\beta)r_{b'e}$$ （2-16）

式中，$r_{bb'}$ 是基区体电阻，对于低频小功率管，$r_{bb'}$ 约为 200 Ω。$r_{b'e}$ 是发射结电阻。根据 PN 结的伏安特性表达式可以推导出常温下 $r_{b'e} = 26/I_{EQ}$，I_{EQ} 的单位要用 mA，于是 r_{be} 可以写为

$$r_{be} \approx 200 + (1+\beta)\frac{26}{I_{EQ}} \qquad (2-17)$$

2. 微变等效电路法分析基本共射放大电路

（1）画出微变等效电路图。

① 画出电路的交流通路。

② 在交流通路上定出 BJT 的 3 个电极 b、c、e 后，用简化 h 参数模型代替 BJT。

③ 由于在分析和测试放大电路时，经常采用正弦交流电压作为典型的输入信号，所以在等效电路中要用相量符号标注各电压、电流，如 $\dot{U}_i$、$\dot{I}_b$、$\beta\dot{I}_b$ 和 $\dot{U}_o$ 等。

如此绘图，即得到整个电路的微变等效电路，如图 2-13 所示。其实，也可采用从输入端沿着交流信号的传输路径，一直画到输出端的方法。画图时注意：遇有大电容、直流电源均视为交流短路；各电极、各相量（包括控制量和受控源）及其参考极性或流向均应标出。

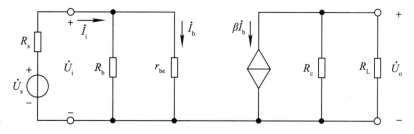

图 2-13　放大电路的微变等效电路图

（2）求电压放大倍数。在画出微变等效电路后，就可运用线性正弦电路的相量分析法来求解。由图 2-13 列写出：

$$\begin{aligned}
\dot{I}_b &= \dot{U}_i / r_{be} \\
\dot{I}_c &= \beta\dot{I}_b \\
\dot{U}_o &= -\dot{I}_c R'_L
\end{aligned} \qquad (2-18)$$

式中，$R'_L = R_C \,/\!/\, R_L$。由此写出电压增益表达式：

$$\dot{A}_u = \dot{U}_o / \dot{U}_i = -\dot{I}_c R'_L / (\dot{I}_b r_{be}) = -\beta R'_L / r_{be} \qquad (2-19)$$

式中，负号表示共射放大电路的 $\dot{U}_o$ 与 $\dot{U}_i$ 反相。

（3）计算输入电阻和输出电阻。放大电路总是与其前后级电路连接在一起的。例如，它的输入端要接信号源，输出端要与下一级电路相连或接有负载电阻。这里提出放大电路的输入电阻和输出电阻的概念，有助于解决电路与信号源之间以及电路与负载之间，或者放大电路级与级之间的连接问题，并评价它们之间的影响。

当 $\dot{U}_i$ 加到放大电路的输入端时，电路就相当于信号源的一个负载电阻，这一负载电阻就是电路本身的输入电阻，它相当于从电路的输入端看进去的等效电阻，即

$$R_i = \dot{U}_i / \dot{I}_i \qquad (2-20)$$

R_i 的大小直接影响放大电路输入端从信号源获取信号的大小。把一个信号源内阻为 R_s、信号源电压为 $\dot{U}_s$ 的正弦电压加到放大电路的输入端，由于输入电阻 R_i 的存在，实际施加到电路的输入电压 $\dot{U}_i$ 的幅度要比 $\dot{U}_s$ 小，即

$$\dot{U}_i = \frac{R_i}{R_s + R_i} \dot{U}_s \tag{2-21}$$

上式清楚地说明信号源电压 $\dot{U}_s$ 受到了一定的衰减。因此，输入电阻 R_i 是衡量电路的信号源电压 $\dot{U}_s$ 衰减程度的重要指标。

另一方面，放大电路输出端在空载和带负载时，其输出电压将有变化，带载的输出电压 $\dot{U}_o$ 比空载时的输出电压 $\dot{U}_o'$ 有所降低，即

$$\dot{U}_o = \frac{R_L}{R_o + R_L} \dot{U}_o' \tag{2-22}$$

因此，从放大电路的输出端看进去，整个电路可看成是一个 $\dot{U}_o'$ 的电压源与内阻为 R_o 的电阻串联，此等效电压源的内阻 R_o 即为该电路的输出电阻。

$\dot{U}_o < \dot{U}_o'$ 是因为输出电流 $\dot{I}_o$ 在 R_o 上产生压降的结果。这说明 R_o 越小，带载前后输出电压相差就越小，亦即电路受负载影响的程度越小。所以，一般用输出电阻 R_o 来衡量放大电路的带负载能力。R_o 越小，电路的带负载能力就越强。

值得注意的是，放大电路的输入电阻与信号源内阻无关，输出电阻与负载无关。

可以采用外加电源法求放大电路输出电阻。当信号源电压短路（$\dot{U}_s = 0\,\text{V}$，但保留 R_s）和负载开路（$R_L \to \infty$）的条件下，放大电路的输出端用一电压 $\dot{U}$ 代替 $\dot{U}_o$，在电压 $\dot{U}$ 的作用下，输出端将产生一个相应的电流 $\dot{I}$，则输出电阻为：

$$R_o = \frac{\dot{U}}{\dot{I}}\bigg|_{\dot{U}_s=0, R_L \to \infty} \tag{2-23}$$

根据这一关系式，就可计算各种放大电路的输出电阻。

需要指出的是，由于 BJT 特性曲线的非线性，以上所讨论的放大电路的输入电阻和输出电阻，都是针对 Q 点附近的变化信号而言的，Q 点不同，其值也不相同，故它们属动态（交流）电阻，用字母 R 带下标"i"或"o"来表示。因为它们不是直流电阻，所以不能用 R_i、R_o 计算 Q 点的电压、电流。

图解分析法和微变等效电路分析法是分析放大电路的两种基本方法。掌握了这两种方法，就为今后分析各种具体的放大电路打下了基础。

2.3 静态工作点的稳定

合理的静态工作点是晶体管处于正常放大工作状态的前提，只有静态工作点合适，

晶体管才能完成正常的放大，静态工作点对于放大电路至关重要；而且放大电路的电压放大倍数、输入电阻和输出电阻等指标也与静态工作点有关。因此，能不能保证静态工作点稳定，是放大器正常稳定工作的关键。

但是，在实际工作中，温度的变化、元器件的老化或电源电压的波动等原因，可能导致静态工作点不稳定。在诸多影响因素中，温度变化的影响最大。下面主要研究温度变化对静态工作点的影响，并由此引出静态工作点的稳定电路。

2.3.1　温度对静态工作点的影响

下面以如图 2-4 所示的基本共射放大电路为例（固定偏置式放大电路）来研究温度对静态工作点的影响。

1. 温度对反向饱和电流 i_{CBO} 的影响

i_{CBO} 对温度十分敏感，温度每升高 10 ℃，i_{CBO} 约增加一倍。由于穿透电流 $i_{CEO} = (1+\beta)i_{CBO}$，因此 i_{CEO} 的增加更为显著。i_{CEO} 的增大表现为输出特性曲线上移。

2. 温度对电流放大系数 β 的影响

β 随温度的上升而增大。实验证明，温度每升高 1 ℃，β 增大 0.5% ~ 1%。β 的增大表现为输出特性的各条曲线的间隔增大。

3. 温度对发射结电压 u_{BE} 的影响

当温度升高时，发射结电压 u_{BE} 将减小，温度每升高 1 ℃，u_{BE} 约减小 2.5 mV。

综上所述，温度变化对于管子的影响是：温度升高，u_{BE} 减小，i_{CBO} 和 β 增加，最终导致集电极电流 i_C 增加，静态工作点上移，严重时会产生饱和失真。如果能在温度变化时，保证 i_C 基本稳定，那么工作点就不会随温度变化而产生变化。因此，对如图 2-4 所示电路进行改进，得到典型的稳定静态工作点电路，如图 2-14 所示。

2.3.2　静态工作点稳定电路

1. 稳定原理

与固定偏置共射极放大电路（图 2-4）相比，电路中增加了发射极电阻 R_e、发射极旁路电容 C_e，同时基极有两个偏置电阻 R_{b1} 和 R_{b2}。为了达到稳定 Q 点的目的，电路应保证基极电位 U_B 恒定，与 I_{BQ} 无关。

由图 2-15 所示直流通路可得 $I = I_{b2} + I_{BQ}$，如果 $I \gg I_{BQ}$，就可近似认为 $I \approx I_{b2}$，则 R_{b2} 上的端电压可近似地看成由 R_{b1} 和 R_{b2} 的分压而得，即

$$\text{若} \ (1+\beta)R_e \gg R_b，\text{则} \ U_{BQ} \approx \frac{R_{b2}}{R_{b1}+R_{b2}}U_{CC} \tag{2-24}$$

上式说明，U_B 与三极管参数无关，即不随温度的变化而改变，因此，基极电位 U_B 是恒定的。

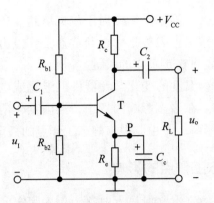

图 2-14 稳定静态工作点电路

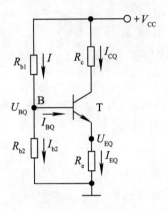

图 2-15 稳定静态工作点直流通路

2. 静态分析

如图 2-16 所示，有

$$U_{BQ} = \frac{R_{b2}}{R_{b1} + R_{b2}} U_{CC}$$

$$I_{CQ} \approx I_{EQ} = \frac{U_{BQ} - U_{BEQ}}{R_e}$$ （2-25）

$$I_{BQ} = \frac{I_{CQ}}{\beta}$$

$$U_{CEQ} = U_{CC} - I_{CQ}(R_c + R_e)$$

3. 动态分析

微变等效电路如图 2-16 所示。

电压放大倍数：

$$A_u = \frac{u_0}{u_i} = \frac{-\beta i_b R_L'}{i_b r_{be}} = -\frac{\beta R_L'}{r_{be}}$$ （2-26）

其中：

$$R_L' = R_c \mathbin{/\mkern-5mu/} R_L$$
$$R_i = R_{b1} \mathbin{/\mkern-5mu/} R_{b2} \mathbin{/\mkern-5mu/} r_{be} \qquad （2-27）$$
$$R_o = R_c$$

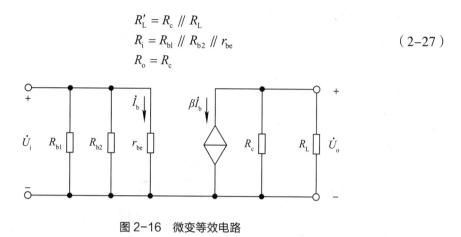

图 2-16　微变等效电路

若无旁路电容 C_e 时，其微变等效电路如图 2-17 所示。

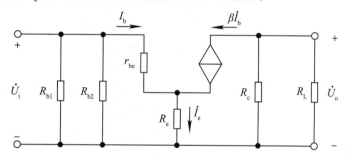

图 2-17　无旁路电容 C_e 时的微变等效电路

由图 2-17 可知

$$A_u = \frac{u_0}{u_i} = \frac{i_c R_L'}{i_b r_{be} + i_e R_e} = \frac{-\beta i_b R_L'}{i_b \left[r_{be} + (1+\beta) R_e \right]} = \frac{-\beta R_L'}{r_{be} + (1+\beta) R_e} \qquad （2-28）$$

R_e 的接入使电压放大倍数下降，但使输入电阻增大。因此，在实际电路中，将发射极电阻分成两个电阻串联，较大的那个被并联 C_e 旁路，较小的那个不被 C_e 旁路，就可以使输入电阻大大增加，而电压放大倍数也不至于下降太多。

2.4　放大电路的其他组态

放大电路除了共射组态外，还有共集组态和共基组态电路等。

2.4.1 基本共集放大电路

1. 静态分析

基本共集放大电路及其微变等效电路如图 2-18 所示。由于被放大的信号从发射极输出，所以又称之为射极输出器。

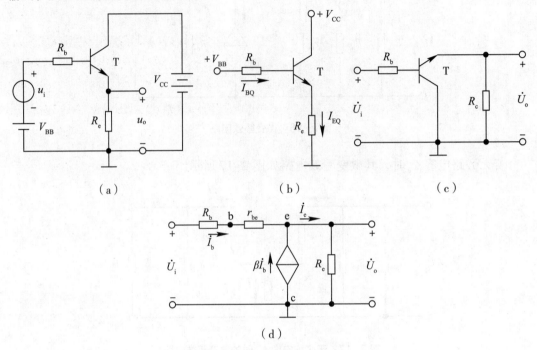

（a）　　　　　（b）　　　　　（c）

（d）

图 2-18　基本共集放大电路

由直流通路可得

$$V_{BB} = I_{BQ}R_b + U_{BEQ} + I_{EQ}R_e$$
$$V_{CC} = U_{CEQ} + I_{EQ}R_e \tag{2-29}$$

整理后得

$$I_{BQ} = \frac{V_{BB} - U_{BEQ}}{R_b + (1+\beta)R_e} \tag{2-30}$$

发射极有

$$I_{EQ} = (1+\beta)I_{BQ} \tag{2-31}$$

$$V_{CEQ} = V_{CC} - I_{EQ}R_e \tag{2-32}$$

2. 动态分析

由微变等效电路可得

$$\dot{A}_{\mathrm{u}} = \frac{\dot{U}_{\mathrm{o}}}{\dot{U}_{\mathrm{i}}} = \frac{\dot{I}_{\mathrm{e}}R_{\mathrm{e}}}{\dot{I}_{\mathrm{b}}(R_{\mathrm{b}} + r_{\mathrm{be}}) + \dot{I}_{\mathrm{e}}R_{\mathrm{e}}}$$

$$= \frac{(1+\beta)R_{\mathrm{e}}}{R_{\mathrm{b}} + r_{\mathrm{be}} + (1+\beta)R_{\mathrm{e}}}$$

（2-33）

可见，输出电压略小于输入电压，电压放大倍数略小于 1 且近似于 1，所以没有电压放大能力。对电流而言，i_{e} 仍为基极电流的（1+β）倍，具有较强的电流放大能力。

若（1+β）$R_{\mathrm{be}} \gg R_{\mathrm{b}} + r_{\mathrm{be}}$，则 $\dot{A}_{\mathrm{u}} \approx 1$，即 $U_{\mathrm{o}} \approx U_{\mathrm{i}}$。

输出电压和输入电压近似相等且同相，具有电压跟随特性，故又称共集放大电路为射极跟随器。

$$R_{\mathrm{i}} = \frac{U_{\mathrm{i}}}{I_{\mathrm{i}}} = \frac{U_{\mathrm{i}}}{I_{\mathrm{b}}} = R_{\mathrm{b}} + r_{\mathrm{be}} + (1+\beta)R_{\mathrm{e}}$$

（2-34）

由上式可见，射极跟随器的输入电阻比较大，所以放大器要求信号源提供的信号电流较小，信号源的负担较小。

电路带负载电阻后

$$R_{\mathrm{i}} = R_{\mathrm{b}} + r_{\mathrm{be}} + (1+\beta)(R_{\mathrm{e}} /\!/ R_{\mathrm{L}})$$

（2-35）

上式表明，共集电路的输入电阻与负载有关。

$$R_{\mathrm{o}} = \frac{U_{\mathrm{o}}}{I_{\mathrm{o}}} = \frac{U_{\mathrm{o}}}{I_{R_{\mathrm{e}}} + I_{\mathrm{e}}}$$

$$= \frac{U_{\mathrm{o}}}{\dfrac{U_{\mathrm{o}}}{R_{\mathrm{e}}} + (1+\beta)\dfrac{U_{\mathrm{o}}}{R_{\mathrm{b}} + r_{\mathrm{be}}}}$$

（2-36）

$$= R_{\mathrm{e}} /\!/ \frac{R_{\mathrm{b}} + r_{\mathrm{be}}}{1+\beta}$$

上式表明，共集电路的输出电阻与信号源内阻有关。

根据电路计算，射极输出器的输出电阻比较小，一般只有几欧到几十欧。所以放大器带负载能力较强，并且负载变化时，对放大器影响也小。

3. 总结

共集放大电路的特点：输入电阻大，输出电阻小；只放大电流，不放大电压；电压放大倍数小于而约等于 1，输出电压和输入电压同相，在一定条件下有电压跟随作用。由于射极输出器的上述特点，它广泛应用在电路的输入级、多级放大器的输出级或用于两级共射放大电路之间的隔离级。

2.4.2　基本共基放大电路

基本共基放大电路及其微变等效电路如图 2-19 所示。

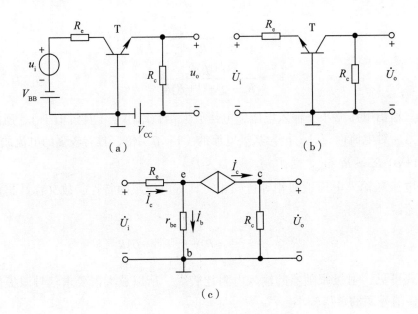

图 2-19　基本共基放大电路

1. 静态分析

$$I_{EQ} = \frac{V_{BB} - U_{BEQ}}{R_e} \qquad I_{BQ} = \frac{I_{EQ}}{1+\beta} \qquad (2-37)$$

$$U_{CEQ} \approx V_{CC} - I_{EQ}R_c + U_{BEQ}$$

2. 动态分析

$$\dot{A}_u = \frac{\dot{U}_o}{\dot{U}_i} = \frac{\dot{I}_c R_c}{\dot{I}_e R_e + \dot{I}_b r_{be}} = \frac{\beta R_c}{r_{be} + (1+\beta)R_e} \qquad (2-38)$$

$$R_i = R_e + \frac{r_{be}}{(1+\beta)} \qquad R_o = R_c$$

3. 总结

共基放大电路的特点：输入电阻小，频带宽；只放大电压，不放大电流。

2.4.3　三种接法的比较

三种接法各有特点，在空载情况下的比较如表 2-1 所示。

表2-1　三种接法的比较

接　法	A_u	A_i	A_o	频　带
共射	大	中	大	窄
共集	小于1	大	小	中
共基	大	小	大	宽

2.5　复合管

在实际电路中，可采用多个晶体管合理连接构成复合管来代替一个晶体管，采用复合管可以提高管子的电流放大系数 β，增强管子的电流驱动能力，减小前级驱动电流，还可以改变管子的类型。

2.5.1　复合管的组成原则

复合管也称为达林顿管，主要用于：①大负载驱动电路；②音频功率放大器电路；③中、大容量的开关电路；④自动控制电路。

在组成复合管时，必须遵循以下原则：

（1）在合适的偏置下，每个管子的各极电流具有合适的通路，且管子工作在放大状态。

（2）为了实现电流放大，应将第一管的集电极或发射极电流作为第二管的基极电流。

复合管通常由两个三极管组成，这两个三极管可以是同型号的，也可以是不同型号的；可以是相同功率的，也可以是不同功率的。

注意事项：

（1）在组成复合管后，复合管的类型由第一只管子的类型所决定。

（2）两只晶体管可以构成复合管，但是两只场效应管不能构成复合管。

（3）由场效应管构成的复合管，场效应管只能为第一只管子。

（4）一般不用三只以上的管子构成复合管，这样会使复合管的高频特性、温度稳定性变差。

2.5.2　晶体管复合管

图 2-20（a）为利用两只同种类型的晶体管构成的复合管，（b）为两只不同类型的晶体管构成的复合管。

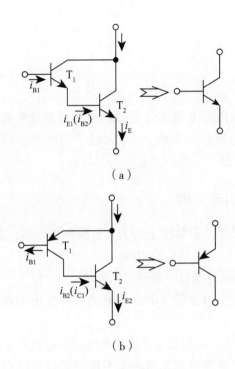

（a）

（b）

图 2-20　复合管的接法

在图 2-20（a）中，若将 T_1 和 T_2 管以及电极互连的部分遮蔽起来，只留下与外电路互连的部分，则根据电流的流向可以判断出，复合管的类型为 NPN 型管，且有：

（1）T_2 管的基极即为复合管的基极；

（2）T_2 管的发射极即为复合管的发射极；

（3）T_1、T_2 管的集电极互连处即为复合管的集电极。

从图 2-20（a）中可以看出：T_1 管的基极电流 i_{B1} 即为复合管的基极电流 i_B；T_1 管的发射极电流 i_{E1} 等于 T_2 管的基极电流 i_{B2}；T_2 管的发射极电流 i_{E2} 即为复合管的发射极电流 i_E；复合管的集电极电流 i_C 等于 T_1 管的集电极电流 i_{C1} 和 T_2 管的集电极电流 i_{C2} 之和。

因此，复合管的集电极电流为

$$i_C = i_{C1} + i_{C2} = \beta_1 i_{B1} + \beta_2 i_{B2} = \beta_1 i_{B1} + \beta_2 \left(1 + \beta_1\right) i_{B1} = \left(\beta_1 + \beta_2 + \beta_1 \beta_2\right) i_{B1} \qquad （2-39）$$

由于晶体管的电流放大系数至少为几十，因而 $\beta_1 \beta_2 \gg \left(\beta_1 + \beta_2\right)$，在近似分析时可以认为复合管的电流放大系数为

$$\beta \approx \beta_1 \beta_2 \qquad （2-40）$$

图 2-20（b）所示的复合管的电流放大系数可用上述方法进行同样的推导，其电流放大系数 β 均约为 $\beta_1 \beta_2$。

2.5.3　场效应管 – 晶体管复合管

如图 2-21 所示为 N 沟道增强型 MOS 管与 NPN 型晶体管所组成的复合管。由图中信号的流向可以知道：原 MOS 管的栅极仍然没有电流通过，只是栅极电位随外加信号而发生变化；原 MOS 管的漏极电流等于晶体管的基极电流。可见，复合管的类型仍为 N 沟道增强型 MOS 管。

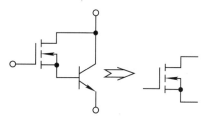

图 2-21　N 沟道增强型 MOS 管与 NPN 型晶体管所组成的复合管

在近似分析时可以认为复合管的跨导为

$$g_{\mathrm{m}} \approx \frac{\beta_2 g_{\mathrm{ml}}}{1 + g_{\mathrm{ml}} r_{\mathrm{be}}} \tag{2-41}$$

2.6　场效应管放大电路

在实际电路中，也常采用场效应管来组成放大电路，与晶体管放大电路类似，场效应管放大电路也有三种接法。

2.6.1　基本共源放大电路

根据场效应管工作在恒流区的条件，在 g–s、d–s 间加极性合适的电源设置合适的静态工作点。如图 2-22 所示是典型的 Q 点稳定电路。

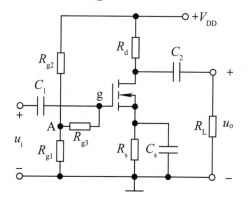

图 2-22　Q 点稳定的基本共源放大电路

与晶体管类似，如图 2-23 所示是场效应管的交流等效模型，如图 2-24 所示是图 2-22 的微变等效电路。

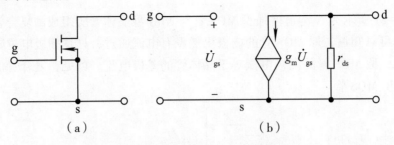

图 2-23　场效应管的交流等效模型

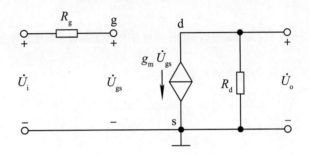

图 2-24　图 2-21 的微变等效电路

分析可得

$$\dot{A}_u = \frac{\dot{U}_o}{\dot{U}_i} = \frac{-\dot{I}_d R_d}{\dot{U}_{gs}} = -g_m R_d$$

$$R_i = \infty$$

$$R_o = R_d$$

（2-42）

2.6.2　基本共漏放大电路

如图 2-25 所示是基本共漏放大电路。

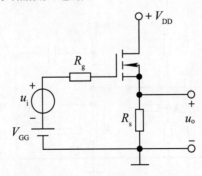

图 2-25　基本共漏放大电路

如图 2-26 所示是图 2-25 的微变等效电路。

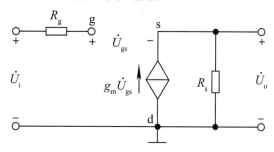

图 2-26　共漏微变等效电路

分析可得

$$\dot{A}_u = \frac{\dot{U}_o}{\dot{U}_i} = \frac{\dot{I}_d R_s}{\dot{U}_{gs} + \dot{I}_d R_s} = \frac{g_m R_s}{1 + g_m R_s} \tag{2-43}$$

$$R_i = \infty$$

$$R_o = \frac{U_o}{I_o} = \frac{U_o}{\dfrac{U_o}{R_s} + g_m U_o} = R_s \,/\!/\, \frac{1}{g_m} \tag{2-44}$$

可见，场效应管放大电路与晶体管放大电路几种接法结论相似，但其输入电阻远大于晶体管放大电路。

本章小结

（1）放大电路的概念。

放大电路的本质是在输入信号的作用下，通过有源元件对直流电源的能量进行控制和转换，使负载从电源中获得的输出信号能量比信号源向放大电路提供的能量大得多。信号实现放大的前提是不失真。

（2）放大电路的主要性能指标。

①放大倍数 A：输出变化量幅值与输入变化量幅值之比，或两者的正弦交流量之比，用来衡量电路的放大能力。

②输入电阻 R_i：从输入端看进去的等效电阻，反映放大电路从信号源索取电流的大小。输入电阻越大，向信号源索取的电流越小。

③输出电阻 R_o：从输出端看进去的等效信号源的内阻，反映放大电路的带负载能力。输出电阻越小，带负载能力越强。

④最大不失真输出电压 U_{om}：未产生失真时，最大输出电压信号的幅值（或峰－峰值）。

（3）放大电路的分析方法。

①静态分析：求解静态工作点 Q。输入信号为零时，晶体三极管（或场效应管）各电极间的电流与电压就是 Q 点。可以直接由直流通路估算，也可以用图解法求解。

②动态分析：求解各动态参数和分析输出波形。一般用 h 参数微变等效电路计算小信号作用时的 A_u、R_i 和 R_o，利用图解法分析 U_{om} 和失真情况。

分析放大电路时，一般应遵循"先静态后动态"的原则。只有静态工作点合适，动态分析才有意义；Q 点不但影响电路输出是否失真，而且与动态参数密切相关，所以稳定 Q 点是非常必要的，一般可以用分压式偏置电路来稳定 Q 点。

（4）放大电路的三种组态。

①晶体三极管基本放大电路有共射极、共集电极、共基极三种接法。共射极放大电路既具有电压放大能力，又具有电流放大能力，输入电阻居三种电路之间，但输出电阻很大，适用于一般的放大单元电路；共集电极放大电路只能放大电流，不能放大电压，因输入电阻大而常作为多级放大电路的输入级，因输出电阻最小而常作为多级放大电路的输出级，并具有电压跟随的特点；共基极放大电路只能放大电压，不能放大电流，输入电阻小，高频特性好，常用于宽频带放大电路。

②场效应管基本放大电路也有共源极、共漏极、共栅极三种接法，相比三极管放大电路，具有输入电阻高、抗干扰能力强等特点，适用于作为电压放大电路的输入级。

（5）复合管。

在实际电路中，可采用多个晶体管构成复合管来代替一个晶体管，采用复合管可以增强管子的电流驱动能力，提高电流放大系数，或者改变管子的类型。

思考与练习

（1）什么是静态工作点？如何设置静态工作点？如果静态工作点设置不当会出现什么问题？

（2）放大电路如下图左图所示，三极管的输出特性和交、直流负载线如下图右图所示。已知 $U_{BE} = 0.6$ V，$r_{bb'} = 30$ Ω。试问：

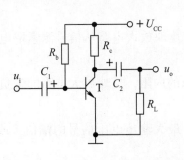
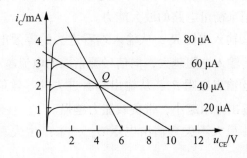

①电路参数 R_b、R_c、R_L 的数值是多少？

②在输出电压不产生失真的条件下，最大输入电压的峰值是多少？

③若增大输入信号的幅值，电路将首先出现什么性质的失真？输出电压波形的顶部还是底部失真？

④若要使电路输出信号的幅值尽可能大而又不失真，电阻的值大约应取多少？

（3）电路如下图所示，已知晶体管的 $U_{BE} = 0.7\ V$，$\beta = 300$，$r_{bb'} = 200\ \Omega$。

①当开关 S 位于 1 位置时，求解静态工作点 I_{BQ}、I_{CQ} 和 U_{CEQ}。

②分别求解开关 S 位于 1、2、3 位置时的电压放大倍数 A_u，比较这三个电压放大倍数，并说明发射极电阻是如何影响电压放大倍数的。

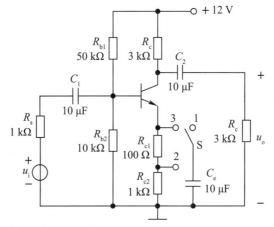

（4）电路如下图所示，晶体管的 $\beta = 60$，$r_{bb'} = 100\ \Omega$。

①画出直流通路求解 Q 点，画出微变等效电路求解 A_u、R_i 和 R_o。

②设 $u_s = 10\ mV$（有效值），问 $u_i = ?$　$u_o = ?$　若 C_3 开路，则 $u_i = ?$　$u_o = ?$

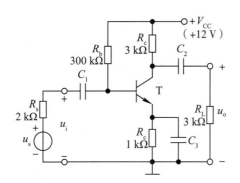

（5）下图所示电路由于电路参数不同，在信号源电压为正弦波时，测得输出波形如图（a）、（b）、（c）所示，试说明电路分别产生了什么失真并如何消除这些失真。

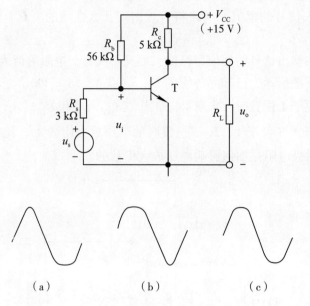

（a）　　　　　　　（b）　　　　　　　（c）

第 3 章　集成运算放大电路

3.1　集成运算放大电路概述

将一个电路所包含的元器件及相互连接的导线全部制作在一块半导体基片上，并封装在一个管壳内，构成一个完整的、具有特定功能的电子器件，这个电子器件就被称为集成电路（Integrated Circuit，简称 IC）。集成电路体积小、质量轻、耗电少、可靠性高，已成为现代电子器件的主体。

集成运算放大电路，简称集成运放，是由多级直接耦合放大电路组成的高增益模拟集成电路。集成运放最早主要应用于信号的加、减、微分、积分等基本运算，故而得名。近年来，随着集成运放技术的发展，各项技术指标不断改善，价格日益低廉，还出现了能适应各种特殊要求的专用电路。集成运放目前已广泛应用于信号处理、信号变换以及信号发生等各个方面，在控制、测量、仪表等领域中占有重要的地位。现今，集成运放的增益可高达 10^7 倍以上。

3.1.1　集成运放的电路结构特点

根据集成工艺，模拟集成电路与分立元器件电路相比有以下特点。

1. 电路结构与元器件参数具有对称性

由集成工艺制造出来的元器件的参数分散性大，但电路中各元器件是在同一个硅片上，又是通过相同的工艺过程制造出来的，同一片内的元器件参数绝对值有同向的偏差，温度均一性好，容易制成两个特性相同的晶体管或两个阻值相等的电阻，所以集成电路中广泛使用对称电路进行参数互补。

2. 电路结构上采用直接耦合方式

电路结构采用直接耦合方式，而不采用阻容耦合方式。硅片上不能制作大电容，电容容量通常在几十皮法以下。电感的制作就更困难了。因此，在集成电路中，多级放大电路的级间连接都采用直接耦合方式。

3. 为克服直接耦合电路的温漂，常采用具有补偿特性的差分放大电路

由于集成电路多级放大电路的级间采用直接耦合方式，外界因素的变化（最主要

的是温度变化）会使放大电路的各级静态工作点不稳定，为了解决这一问题，常将多级放大电路的第一级采用差分放大电路。

4. 用有源元件替代无源元件

采用三极管（或场效应管）代替电容、电阻和二极管等元器件。集成电路中的电阻元件是由硅半导体中的体电阻构成的，其电阻的阻值范围一般为几十欧到 20 千欧，范围不大，制造高阻值的电阻代价太大。用集成工艺制造三极管不但比制造其他元件容易，而且占用面积小，性能好。因此，常用三极管（或场效应管）构成恒流源做偏置电路和大的负载电阻。集成电路中，还将三极管的基极和集电极短接构成二极管、稳压管等元器件。

5. 采用复合结构的电路

NPN 型管和 PNP 型管配合使用，复合结构电路能使电路的性能得到提升。

6. 集成运放除了具有集成电路的一般特点外，还具有如下特点：

（1）电压放大倍数高，一般为 $10^3 \sim 10^5$ 倍。

（2）输入电阻大，一般为几十千欧到几兆欧。

（3）输出电阻小，一般为几百欧以下。

（4）使用灵活、成本低、用途广、互换性好。

（5）是线性集成电路中发展最早、应用最广、最为庞大的一族成员。

3.1.2 集成运放的基本组成

集成运放由四部分组成：输入级、中间级、输出级和偏置电路。其组成框图如图 3-1 所示。

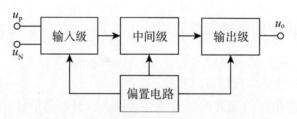

图 3-1　集成运算放大电路组成框图

1. 输入级

输入级通常由差分放大电路构成。一般要求其输入电阻高，耐压高，要尽量减小其零点漂移，提高其共模抑制比。

2. 中间级

中间级是整个放大电路的主放大器，其作用是使集成运放具有较强的放大能力。为了提高电压放大倍数，经常采用复合管作放大管，以恒流源作集电极负载。其电压放大倍数可达千倍。

3. 输出级

输出级应具有输出电压线性范围宽、非线性失真小、带负载能力强等特点。集成运放的输出级多采用互补对称电路。

4. 偏置电路

偏置电路通常采用电流源电路，作用是为上述各级放大电路提供稳定的静态工作电流。

3.1.3　集成运放的电压传输特性

集成运放的电路符号如图 3-2 所示。它有两个输入端：一个是同相输入端，一个是反相输入端。输出端的电压相位与同相输入端的相同。三端电压分别用 u_+、u_-、u_o 表示。同相端用 "+" 表示，从该端输入信号时，其输出电压 u_o 与输入电压 u_+ 同相位；反相端用 "–" 表示，从该端输入信号时，其输出电压 u_o 与输入电压 u_- 反相位。

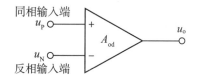

图 3-2　集成运放的符号

当两输入信号电压 u_+ 和 u_- 同时加到集成运放输入端时，其输出电压 u_o 与输入差模电压（即同相输入端与反相输入端之间的差值电压）之间的关系称为电压传输特性，即

$$u_o = f(u_{id}) = f(u_+ - u_-) \qquad (3-1)$$

对于正、负两路电源供电的集成运放，电压传输特性曲线如图 3-3 所示。从图中的特性曲线可以看出，集成运放有线性放大区域（称为线性区）和饱和区（称为非线性区）两部分。

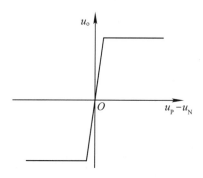

图 3-3　电压传输特性曲线

在线性区，曲线的斜率为差模电压增益，该区满足

$$u_o = A_{ud}(u_+ - u_-) = A_{ud}u_{id} \qquad (3-2)$$

式中，A_{ud} 为集成运放开环增益，它其实是集成运放中各级放大电路增益的乘积。由于 A_{ud} 非常大，可达几十万，所以集成运放电压传输特性的线性区非常窄。

3.1.4 集成运放的主要参数

为了正确地选择和使用集成运放，需正确理解集成运放的参数的含义。集成运放常用下列参数来描述。

1. 开环差模增益 A_{od}（也写作 A_{ud}）

开环差模增益 A_{od} 是指在集成运放无外加反馈时的差模放大倍数。常用分贝（dB）表示，其分贝值为 $20\lg|A_{od}|$。

（1）定义：运放开环运用（无外接反馈电路）时，有

$$A_{od} = \frac{\dot{U}_{od}}{\dot{U}_{id}} \tag{3-3}$$

（2）运放的电压增益一般都很大，普通的集成运放为 100 dB 左右。

2. 共模抑制比 K_{CMR}

共模抑制比等于差模放大倍数与共模放大倍数之比的绝对值，即

$$K_{CMR} = \left|\frac{A_{ud}}{A_{uc}}\right| \quad（开环时） \tag{3-4}$$

若用分贝表示，则其值为 $20\ln\left|\dfrac{A_{ud}}{A_{uc}}\right|$。$K_{CMR}$ 越大，抗共模干扰的能力越强。

3. 差模输入电阻 R_{id}

差模输入电阻是集成运放在输入差模信号时，两个输入端之间的动态电阻，其值越大越好。双极型晶体管输入级的 r_{id} 值为 $10^4 \sim 10^6\,\Omega$，单极型场效应管输入级的 r_{id} 值可达 $10^9\,\Omega$ 以上。R_{id} 越大，从信号源取得的电流越小。其值一般为几兆欧。

4. 开环输出电阻 r_o

r_o 是运放开环运用时从输出端与地之间看进去的等效电阻，其值越小越好，一般在几百欧姆之内。

5. 输入失调电压 V_{OS} 及其温漂 $\dfrac{dV_{OS}}{dT}$

对于理想运放，当两输入接地时，输出电压为 0，但实际中由于元件参数的不对称性，输入为 0 时输出并不为 0。

（1）理想集成运放无失调，实际集成运放存在失调现象（即输入为零时，输出不为零）。

（2）输入失调电压 V_{OS} 的定义：为了使集成运放的输出电压为零而加在其输入端的直流补偿电压（输入这个直流补偿电压后，输出电压将为零），叫集成运放的输入失调电压。V_{OS} 一般为几毫伏，其值越小越好。

（3）V_{OS} 的大小反映了差动输入级的对称程度，V_{OS} 越大，集成运放的对称性越差。$\dfrac{\mathrm{d}V_{OS}}{\mathrm{d}T}$ 是 V_{OS} 的温度系数，是衡量集成运放温漂的重要参数，其值越小，表明集成运放的温漂越小。

6. 输入失调电流 I_{OS} 及其温漂 $\dfrac{\mathrm{d}V_{OS}}{\mathrm{d}T}$

输入失调电流 I_{OS} 是指当集成运放两输入均为 0 时，两个输入端静态基极电流之差，即 $I_{IO} = I_+ - I_-$。

I_{OS} 一般为零点零几纳安到零点几微安级，其值越小越好。

I_{OS} 是由差动输入级两个晶体管的 β 值不一致而引起的。

$\mathrm{d}I_{OS} / \mathrm{d}T$ 是 I_{OS} 的温度系数，是衡量集成运放温漂的重要参数，其值越小，表明集成运放的温漂越小。

7. 输入偏置电流 I_B

输入偏置电流是指当集成运放两输入均为 0 时，两个输入端静态基极电流的平均值。一般为零点几微安级，其值越小越好。

8. 最大差模输入电压 $U_{id\,max}$

最大差模输入电压是指集成运放的反相和同相输入端所能承受的最大电压值，超过此值，集成运放输入级某一侧差分管的发射结将被反向击穿，从而使集成运放的性能发生显著变化，甚至造成永久损坏。

9. 最大共模输入电压 $U_{ic\,max}$

最大共模输入电压是指能正常放大差模信号时容许的最大的共模输入电压。超过此值，集成运放的共模抑制比将显著下降，甚至使其失去差模放大能力或永久性损坏。因此，在实际应用时，要特别注意输入信号中共模信号的大小。

10. 开环带宽 BW

开环带宽 BW 又称 $-3\ \mathrm{dB}$ 带宽，指的是使 A_{od} 下降 3 dB 时的信号上限截止频率 f_H。一般为 10 Hz。

11. 转换速率 S_R

转换速率 S_R 是指集成运放在闭环状态下，输入为大信号时，输出电压对时间的最大变化速率。S_R 表征集成运放对信号变化速度的适应能力，是衡量集成运放在大幅值信号作用时工作速度的参数。

3.1.5　集成运放的理想化

集成运放的理想化条件：开环电压增益 $A_{ud} \to \infty$，差模输入电阻 $r_{id} \to \infty$，开环输出电阻 $r_o \to 0$，共模抑制比 $K_{CMR} \to \infty$，运放无零漂且特性不随温度而发生变化。将集成运放理想化，既可简化电路的分析和计算过程，又能贴近实际。

图 3-3 给出的是实际运放的传输特性，理想运放的传输特性其线性区是与纵坐标

重合的。理想运放，实际上是通过忽略次要因素及合理近似，简化了对运放应用电路的分析过程，是工程中对运放电路的一种常用分析方法。当然，由于受到集成电路制造工艺水平的限制，实际集成运放的各项技术指标不可能达到理想化条件的要求，但是在通常情况下，将集成运放的实际电路作为理想运放进行分析估算时，所形成的误差一般都在允许范围内。理想运放工作在线性区有两个重要特点——"虚短"和"虚断"。

1. 虚短

当集成运放工作在线性区时，其两个输入端的差模电压为

$$u_+ - u_- = u_o / A_{ud} \qquad (3-5)$$

$A_{ud} \to \infty$，而 u_o 是有限的，有

$$u_+ - u_- \approx 0$$

$$u_+ \approx u_- \qquad (3-6)$$

因此，理想运放的两个输入端可以认为是虚连接的，称为"虚短"。

当运放的一个输入端接地时，另一个输入端的电位也会近似为零，称为"虚地"。

2. 虚断

理想运放的差模输入电阻为

$$r_{id} \to \infty \qquad (3-7)$$

理想运放的输入电流为

$$i = \frac{u_+ - u_-}{r_{id}} \to 0 \qquad (3-8)$$

即从理想运放两个输入端流进、流出的电流近似为零，即

$$i_+ = i_- \approx 0 \qquad (3-9)$$

称为"虚断"。

3. 理想运放工作在饱和区的主要特点

（1）理想运放工作在饱和区时，输出电压与输入电压之间不再满足线性关系，输出电压只能取两个饱和值，有

当 $u_+ > u_-$ 时，$u_o = +U_o$

当 $u_+ < u_-$ 时，$u_o = -U_o$

（2）因为理想运放的差模输入电阻 $r_{id} \to \infty$，所以理想运放工作在饱和区时，两输入端的输入电流依然近似为零，$i_+ = i_- \approx 0$。

运放理想化所引出的"虚短""虚断"的概念非常重要。

理想运放工作在线性区时，虚短与虚断同时成立；理想运放工作在饱和区时，虚短不成立，但虚断仍然成立。"虚短""虚断"虽然是从理想运放的特性得出的，但也与实际情况相符。因此，对于实际的集成运算放大电路，也可以用理想模型来进行分析和计算，这样可大大简化电路的分析。

3.2　多级放大电路

3.2.1　多级放大电路的结构及耦合方式

当单级放大电路不能满足多方面的性能要求时，应考虑采用多级放大电路。

1. 多级放大电路的结构

多级放大电路的结构如图 3-4 所示，其中与输入信号相连接的第一级放大电路称为输入级，一般选择差分放大电路，在下文会对差分放大电路进行描述，其主要作用是抑制共模信号，同时差分放大电路具有一定的放大能力。与负载连接的电路称为输出级，一般选择功率放大电路，主要用于提高电路的输出功率。输入级和输出级之间称为中间级，一般选择共射极放大电路，主要用于提高电路的电压放大倍数。

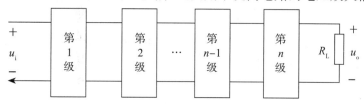

图 3-4　多级放大电路的结构简图

2. 多级放大电路的耦合方式

耦合方式即连接方式，多级放大电路中的信号源与放大级之间、电路中相邻的两级之间、电路末级与负载之间的连接形式称为耦合方式。实现信号耦合的电路称为耦合电路。然而，级间耦合电路必须满足以下要求：

第一，不能影响信号源、各放大级和负载要求设置的静态工作点。

第二，信号在耦合电路上的传输损失要尽可能小。

因此，多级放大电路常见的耦合方式有阻容耦合、直接耦合、变压器耦合、光电耦合等形式。

（1）阻容耦合方式。利用电容连接信号源与放大电路、放大电路的前后级、放大电路与负载，称为阻容耦合，如图 3-5 所示。图中的输入信号从 T_1 管基极输入，集电极输出，因此第一级为共射放大电路。T_1 管的输出信号从 T_2 的基极输入，射极输出，因此第二级为共集放大电路。

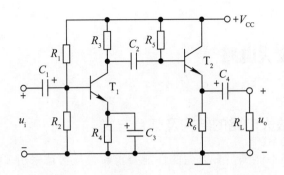

图 3-5　两级阻容耦合放大电路的实例

①阻容耦合的优点。

a. 电路中各级的静态工作点互不影响，相互独立。电容的"隔离直流，传送交流"作用，使信号源与放大电路之间、放大电路与负载之间、放大电路中相邻两级之间均无直流联系，各放大级之间的直流通路互相隔离、互相独立，给设计和调试带来很大的方便。

b. 在传输过程中，交流信号损失较小。只要耦合电容够大，在一定的频率范围内，就可以做到把前一级的交流信号几乎无损失地传输到后一级，交流信号的传输损失较小。

c. 零点漂移小。因为耦合电容具有隔直作用，所以阻容耦合放大电路的零点漂移很小。

②阻容耦合的缺点。

a. 阻容耦合电路无法用于集成电路（IC）。阻容耦合电路所设置的电容量一般都是几十微法到几百微法，大容量的电容在 IC 内部是无法制造的。

b. 阻容耦合电路的低频特性差。因为在信号频率很低的情况下，电容器的容抗 X_c 较大，信号经过电容时受到衰减，降低了电路在低频段的放大能力，故不能用来放大直流信号或缓慢变化的信号。

c. 阻容耦合方式只能让交流信号顺利通过，而不能改变负载的实际阻抗或信号参数（如信号电压、信号电流的幅值等）。

（2）直接耦合方式。图 3-6 是一种直接耦合两级共射放大电路的例子。注意到从图中可以看出，信号源与第 1 级、第 2 级与负载以及两级之间都直接采用导线相连接。

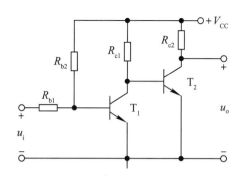

图 3-6　两级直接耦合放大电路

①直接耦合放大电路的优点。

a. 低频特性非常好。直接耦合电路可以放大缓慢变化的低频信号和直流信号。

b. 便于集成。因 IC 中不能用大容量的电容器或变压器，故 IC 芯片均采用直接耦合方式。

②直接耦合放大电路的缺点。

a. 各级配置问题。级与级之间是在阻抗严重失配的状态下工作的，不能获得最大的功率增益；由于 T_1 级的集电极电位就是 T_2 级的基极电位，T_1 级的静态集电极电位的变化必将引起 T_2 级的静态基极电位的变化，因而级与级之间的静态工作点彼此不是独立的，设计和调整比较麻烦。

b. 零点漂移问题。在直接耦合的多级放大电路中，存在零点漂移的现象。前级由温度变化所引起的电流、电位变化会被逐级放大。

（3）变压器耦合方式。

图 3-7 是一种变压器耦合的两级放大电路，第一级电路中 VT_1 的集电极电阻 R_{c1} 换成了变压器 T_1 的一次侧绕组，交变的电压和电流经变压器 T_1 的二次侧绕组加至 VT_2 的基极，再次进行放大，变压器 T_2 则把被 VT_2 放大了的交流电压加到负载 R_L 上。

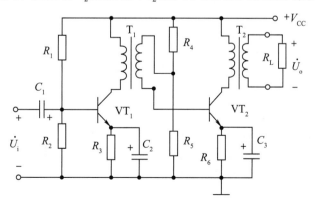

图 3-7　变压器耦合两级放大电路

①变压器耦合的优点。

a.变压器不能传递直流信号，因而通过变压器耦合的多级放大电路前后级的静态工作点互相独立、互不影响，使电路的设计和调试都很方便。

b.由于变压器只能传送交流信号，而对直流信号有隔离作用，变压器耦合多级放大电路的零点漂移很小。

c.变压器耦合方式最突出的优点是变压器具有阻抗变换作用。变压器在传输交流信号的同时，还进行电压、电流以及阻抗变换。运用变压器耦合方式时可以使电路的各级之间获得最佳的阻抗匹配，使信号在电路中得到最大传输。例如，一个阻抗较小的实际负载，经过变压器阻抗变换作用后得到增大，变换成 BJT 的最佳负载，从而使负载上获得最大的交流输出电功率。

图 3-8 是一个简化的变压器等效电路图，图中略去了变压器一次侧和二次侧绕组的等效电阻，$\dot{U}_1$、$\dot{U}_2$ 和 $\dot{I}_1$、$\dot{I}_2$ 分别表示变压器一次和二次侧的电压和电流，R_L 为负载。通过变压器的阻抗变换作用，将实际负载电阻 R_L 变换为 $R_L' = n^2 R_L$，调整变压器的匝数比 n，可以使 R_L' 达到最佳。设变压器一次和二次侧绕组的匝比为 $N_1 / N_2 = n$，根据变压器工作原理：$U_1 / U_2 = n$，$I_1 / I_2 = 1/n$，从变压器一次侧看入的交流等效电阻为

$$R_L' = U_1 / I_1 = n^2 U_2 / I_2 = n^2 R_L \quad\quad\quad （3-10）$$

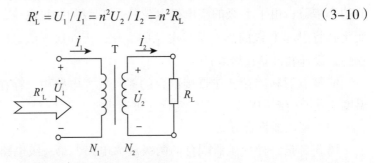

图 3-8　变压器的等效电路

假设图 3-7 中 R_L 是 8 Ω 的扬声器。如果不经过 T_2 把 R_L 变换成 VT$_2$ 的最佳负载电阻，而把扬声器直接接于 VT$_2$ 的集电极，就会因 R_L 阻值太小，与 VT$_2$ 的输出电阻不匹配，使负载 R_L 上得不到所需的功率，扬声器不能正常发声。

②变压器耦合的缺点。

a.放大电路使用变压器耦合方式后，电路的高频和低频性能都会变差。因为变压器不能传送直流信号和缓慢变化的信号，使低频信号的放大能力受到限制，而当信号频率较高时，又因变压器漏感和分布电容的影响，电路的相频特性变得复杂，致使在引入负反馈的情况下，多级放大电路发生自激振荡。

b.变压器用由色金属和磁性材料制成，不但体积大、质量大、成本高，容易产生电磁干扰，而且会使放大电路无法实现集成。

（4）光电耦合方式。光电耦合就是利用光信号为媒介来传输电信号的耦合方式，

光电耦合放大电路如图 3-9 所示，通常将发光元件（发光二极管）和光敏元件（光电三极管）组合在一起，构成光电耦合器，简称光耦。耦合器中处于输入回路的发光二极管将电信号转换成光信号，被输出回路的光敏元件感受并将光信号再转换成电信号，实现了"电—光—电"的转换。

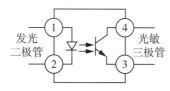

图 3-9　光电耦合放大电路

光电耦合器分为非线性光耦和线性光耦两种。非线性光耦的电流传输特性曲线是非线性的，这类光耦适合开关信号的传输，不适合传输模拟量。用于放大电路的是线性光耦，其电流传输特性曲线接近直线，并且在输入小信号时表现出较好的性能，能以线性特性进行隔离控制。

①光电耦合放大电路的优点。

a.抗电磁干扰能力强、传输损耗小、信噪比高。

b.具有很强的共模抑制能力。

c.能够实现电气隔离。

d.响应速度极快，延迟时间只有 10 μs 左右，适用于对速度要求很高的场合。

e.体积小、寿命长、无触点，工作可靠，传输效率高。

②光电耦合放大电路的缺点。光信号传输线路比较复杂，光信号的操作与调试需要精心设计。

多级放大电路的各种耦合方式具有各自的特点，有着不同的应用场合：一般来说，阻容耦合用于放大交流信号；变压器耦合用于功率放大和调谐放大；直接耦合则用于放大直流信号或缓慢变化的信号，集成电路中的放大级都采用直接耦合的方式。

3.2.2　多级放大电路的性能分析

设有一个 n 级放大电路的交流等效电路，其方框图如图 3-10 所示。

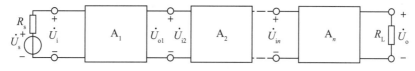

图 3-10　n 级放大电路方框图

从图中可以看出，每级放大电路的输出信号即为下级电路的输入信号，则根据电压放大倍数的定义可知

$$\dot{A}_{u} = \frac{\dot{U}_{o}}{\dot{U}_{i}} = \frac{\dot{U}_{o1}}{\dot{U}_{i}} \frac{\dot{U}_{o2}}{\dot{U}_{i2}} \cdots \frac{\dot{U}_{o}}{\dot{U}_{in}} = \dot{A}_{u1} \dot{A}_{u2} \cdots \dot{A}_{un} \qquad （3-11）$$

因此，多级放大电路的电压放大倍数为组成它的各级放大电路电压放大倍数的乘积。注意：每一级的放大倍数是以下一级的输入电阻作为负载的放大倍数。

根据输入电阻的定义，多级放大电路的输入电阻即为第一级放大电路的输入电阻。

$$R_{i} = R_{i1} \qquad （3-12）$$

根据输出电阻的定义，多级放大电路的输出电阻即为最后一级放大电路的输出电阻。

$$R_{o} = R_{on} \qquad （3-13）$$

3.3 差分放大电路

3.3.1 差分放大电路的结构

差分放大电路（Differential amplifier）又叫差动放大电路，简称差放电路或差分电路。它对温度等原因引起的零点漂移具有很强的抑制能力，因此在模拟集成电路中具有重要的作用。差分放大电路作为直接耦合多级放大电路中的第一级，具有放大差模信号、抑制共模信号的特性。常见的差分放大电路主要分为长尾式差分放大电路和恒流源差分放大电路。

差分放大电路的基本电路如图 3-11 所示：电路结构对称，参数理想对称，即 $R_{b1} = R_{b2}$，$R_{c1} = R_{c2}$，$R_{e1} = R_{e2}$；三极管 T_1、T_2 是对管，两管在任何温度下的特性均完全一致；电路有两个输入端口，输入信号分别加在 T_1、T_2 的基极；有两个输出端口，分别由 T_1、T_2 的集电极输出；T_1、T_2 分别组成共发射极放大电路。

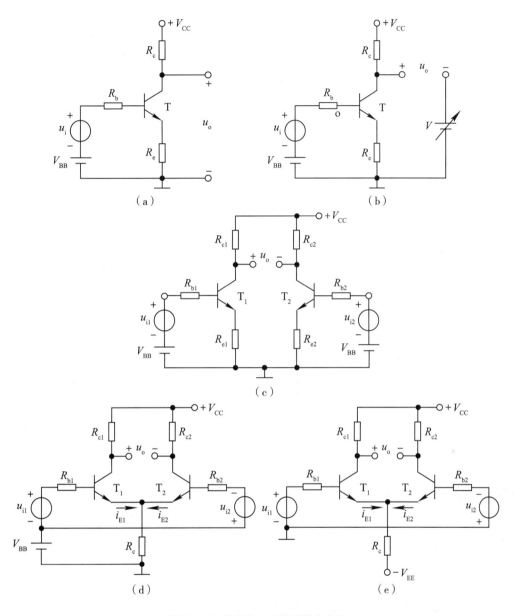

图 3-11　差分放大电路的基本电路

对称电路的元件参数完全相同，管子特性相同，则三极管集电极静态电位随温度的变化情况也相同，电路以两个三极管的集电极电位差作为输出，那么由温度漂移引起的电压变化量就能相互抵消，从而有效地克服了温度漂移。

$$T \uparrow \rightarrow \begin{matrix} I_{C1} \uparrow \\ I_{C2} \uparrow \end{matrix} \xrightarrow{\text{结构对称}} \begin{matrix} \Delta I_{C1} = \Delta I_{C2} \\ \Delta V_{C1} = \Delta V_{C2} \end{matrix} \rightarrow \Delta U_o = \Delta V_{C1} - \Delta V_{C1} = 0 \quad (3-14)$$

但是，因为静态时 T_1、T_2 的发射结零偏，无法正常工作。一般在 T_1、T_2 的发射极增加相应元件构成不同类型的差分放大电路。在 T_1、T_2 的发射极增加电阻和负电源

$-U_{EE}$ 的差放称为长尾式差分放大电路，如图 3-12（a）所示；在 T_1、T_2 的发射极增加电流源的差放称为恒流源差分放大电路，如图 3-12（b）所示。

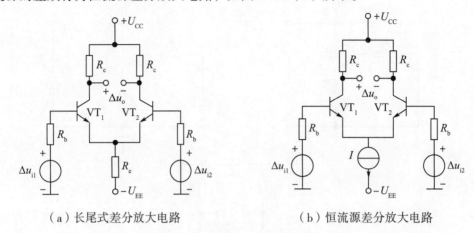

（a）长尾式差分放大电路 （b）恒流源差分放大电路

图 3-12 长尾式和恒流源差分放大电路

3.3.2 差分放大电路的四种接法

由于差动放大电路有两个输入端和两个输出端，输入和输出有以下四种情况：双端输入双端输出、单端输入双端输出、双端输入单端输出、单端输入单端输出。

静态工作点、A_d、A_c、K_{CMR}、R_o 均与输出方式有关；输入电阻与输入、输出形式都无关；双端输入时无共模信号输入，单端输入时有共模信号输入。差动放大电路的差模电压放大倍数仅与输出形式有关：如果是双端输出，则其差模电压放大倍数与单管放大电路电压放大倍数相同；如果是单端输出，则其差模电压放大倍数是单管放大电路电压放大倍数的一半（注意负载的不同）。输出电阻则在单端输出时 $R_o = R_c$，在双端输出时 $R_o = 2R_c$。

3.4 集成运算放大电路的种类及选择

1. 集成运放的种类

集成运放的种类繁多，根据不同的参数指标，可对其进行相应的分类。

（1）按供电方式分类。集成运放按供电方式可分为双电源供电和单电源供电。其中，双电源供电包括正负电源对称型供电、正负电源不对称型供电。

（2）按集成度（一个芯片上运放的个数）分类。集成运放按集成度可分为单运放、双运放、四运放。目前四运放很多。

（3）按制造工艺分类。

①双极型：输入偏置电流及器件功耗较大，但种类多、功能强。

② CMOS 型：输入阻抗高、功耗小，可在低电源电压下工作。

③ BIMOS 型：采用双极型管与单极型管混搭的工艺，以 MOS 管作为输入级，输入电阻高。

（4）按工作原理分类。

①电压放大型：实现电压放大，输出回路等效成由电压控制的电压源 $u_o = A_{od}u_i$。

②电流放大型：实现电流放大，输出回路等效成由电流控制的电流源 $i_o = A_i i_i$。

③跨导型：实现电压－电流转换，输出回路等效成由电压控制的电流源 $i_o = A_{iu}u_i$。

④互阻型：实现电流－电压转换，输出回路等效成由电流控制的电压源 $u_o = A_{ui}i_i$。

一般而言，输出可等效为电压源的运放，输出电阻很小，通常为几十欧；而输出等效为电流源的运放，输出电阻较大，通常为几千欧以上。

（5）按性能指标分类。

①通用型：用于无特殊要求的电路中。

②专用型：也叫特殊型，为了适应各种特殊要求，某一方面性能特别突出。

专用型主要包括以下几种。

a. 高阻型：具有高输入电阻。输入级多采用超 β 管或场效应管，$r_{id} > 10^9\ \Omega$，适用于测量放大电路、信号发生电路或采样－保持电路。

b. 高速型：单位增益带宽和转换速率高。增益带宽多在 10 MHz 左右，有的高达千兆赫兹；转换速度大多为几十伏每微秒至几百伏每微秒，有的高达几千伏每微秒。高速型适用于模－数转换器、数－模转换器、锁相环电路和视频放大电路。

c. 高精度型：具有低失调、低温漂、低噪声、高增益等特点。失调电压和失调电流比通用型小两个数量级，开环差模增益和共模抑制比均大于 100 dB，高精度型适用于对微弱信号的精密测量和运算，常用于高精度的仪器设备中。

d. 低功耗型：具有静态功耗低，工作电源电压低等特点，功耗小于几毫瓦，电源电压为几伏，而其他方面的性能不比通用型运放差。低功耗型适用于能源有严格限制的情况，如空间技术、军事科学及工业中的遥感遥测等领域。

e. 微功耗型：差模输入电阻高，功耗低。

f. 高压型：能够输出高电压（如 100 V）。

g. 大功率型：能够输出大功率（如几十瓦）。

h. 特定功能型：是为完成某种特定功能而生产的，如仪表用放大器、隔离放大器、缓冲放大器、对数/反对数放大器等。

2. 集成运放的选择

在设计集成运放应用电路时，应根据以下几方面的要求选择运放。

（1）信号源的性质。根据信号源是电压源还是电流源、内阻大小、输入信号的幅值及频率的变化范围等，选择运放的差模输入电阻 r_{id}、－3 dB 带宽（或单位增益带宽）、转换速率 S 等指标参数。

（2）负载的性质。根据负载电阻的大小，确定所需运放的输出电压和输出电流的幅值。对于容性负载或感性负载，还要考虑它们对频率参数的影响。

（3）精度要求。对模拟信号的处理，如放大、运算等，往往有精度要求，如电压比较往往要求响应时间、灵敏度等。需要根据这些要求选择运放的开环差模增益、失调电压、失调电流及转换速率等指标参数。

（4）环境条件。根据环境温度的变化范围，可正确选择运放的失调电压及失调电流的温漂等参数；根据所能提供的电源（如有些情况只能用电池）选择运放的电源电压；根据对能耗有无限制，选择运放的功耗；等等。

目前，各种专用运放及多方面性能俱佳的运放种类繁多，选用它们会大大提高电路的质量。不过，从性价比方面考虑，应尽量采用通用型运放，只有在通用型运放不满足应用要求时才采用特殊型运放。

本章小结

（1）集成运算放大电路概述。集成运放实际上是一种高性能的直接耦合放大电路，从外部看，可以等效成双端输入单端输出的差动放大电路，一般由输入级、中间级、输出级和偏置电路四部分组成。为了抑制温漂和提高共模抑制比，输入级多采用差动放大电路；中间级为共射极放大电路；输出级多用互补对称功放电路；偏置电路采用电流源电路。

（2）多级放大电路。多级放大电路的耦合方式主要有直接耦合、阻容耦合、变压器耦合和光电耦合。直接耦合放大电路存在零点漂移问题，但其低频特性好，能够放大变化缓慢的信号，便于集成，因此得到了广泛应用。阻容耦合利用了耦合电容"隔直通交"的特性，但低频特性差，不便于集成化，故主要用于分立元件电路中。

（3）差分放大电路。直接耦合放大电路中存在零点漂移问题，在差分放大电路中利用参数的对称性来抑制零点漂移。差分放大电路适合做直接耦合放大电路的输入级。差分放大电路有四种接法：双端输入双端输出、双端输入单端输出、单端输入双端输出和单端输入单端输出。通常，共模放大倍数描述电路放大共模信号的能力，差模放大倍数用于描述电路放大差模信号的能力，共模抑制比考察上面两方面的能力。

（4）集成运算放大电路的种类及选择。介绍集成运放的种类及选择、典型的集成运算放大电路性能指标。

思考与练习

（1）直接耦合放大电路和阻容耦合放大电路各自都有什么优缺点？ 一个带宽为

0.1 Hz ～ 10 MHz 的宽频带多级放大电路，是用阻容耦合方式好还是用直接耦合方式好？

（2）有 Ⅰ、Ⅱ、Ⅲ 共 3 个直接耦合放大电路。电路 Ⅰ 的电压增益为 1 000，当温度由 20 ℃ 上升到 25 ℃ 时，输出电压漂移了 10 V；电路 Ⅱ 的电压增益为 50，当温度从 20 ℃ 上升到 40 ℃ 时，输出电压漂移了 10 V；电路 Ⅲ 的电压增益为 20，当温度从 20 ℃ 上升到 40 ℃ 时，输出电压漂移了 2 V。试问哪个电路的温度漂移小一些？

第 4 章　负反馈放大电路

4.1　概述

4.1.1　反馈的基本概念

1. 什么是反馈

反馈是指将放大电路的输出量（输出电压或电流）的一部分或全部，通过一定的方式或路径送回放大电路的输入回路，对输入量（输入电压或电流）产生影响，从而控制该输出量的变化的过程。反馈的效果有两种：一种是使输出信号增强，称为正反馈（Positive feedback）；另一种是使输出信号减弱，称为负反馈（Negative feedback）。

反馈放大电路的组成如图 4-1 所示，根据反馈放大电路各部分电路的主要功能特性，可将其分成基本放大电路和反馈网络两部分。整个放大电路的输入信号称为输入量，输出信号称为输出量；反馈网络的输入信号取自电路的输出量的部分或全部，反馈网络的输出信号称为反馈量；基本放大电路的输入信号称为净输入量，它是输入量和反馈量叠加的结果。

图 4-1　反馈放大电路的组成

2. 正反馈和负反馈

根据反馈信号在输入端产生的效果不同，可将反馈分为正反馈和负反馈。从反馈的结果来判断，凡反馈的结果使输出量的变化减小的为负反馈，否则为正反馈；凡反馈的结果使净输入量减小的为负反馈，否则为正反馈。

放大电路中引入正反馈或负反馈的目的和作用是不同的。引入负反馈可以改善放大电路的性能，如展宽频带、减小非线性失真、提高输入电阻、减小输出电阻等；而引入正反馈不仅不能使放大电路稳定地输出信号，还会产生自激振荡，甚至会破坏放大电路的正常工作。但是，选择性地在放大电路中引入正反馈，使之产生自激振荡，可以获取正弦波或其他波形信号。

3. 直流反馈和交流反馈

反馈量为直流量的称为直流反馈（DC feedback），反馈量为交流量的称为交流反馈（AC feedback）。或者说，在直流通路中引入的反馈为直流反馈，在交流通路中引入的反馈为交流反馈。

4. 电压反馈和电流反馈

根据放大电路和反馈网络在输出端的连接方式（即反馈网络的取样对象）不同，可分为电压反馈和电流反馈。如果反馈信号取自输出电压，或者说与输出电压成正比，则称为电压反馈；如果反馈信号取自输出电流，或者说与输出电流成正比，则称为电流反馈。

5. 串联反馈和并联反馈

根据放大电路和反馈网络在输入端的连接方式（即输入量、反馈量、净输入量的叠加关系）不同，分为串联反馈和并联反馈。若反馈信号与输入信号在输入回路中以电压形式相加减（即反馈信号与输入信号是串联连接），则称为串联反馈。如果反馈信号与输入信号在输入回路中以电流形式相加减（即反馈信号与输入信号并联连接），则称为并联反馈。

6. 本级反馈和级间反馈

只对多级放大电路中某一级起反馈作用的称为本级（局部）反馈，将多级放大电路的输出量引回其输入级的输入回路的称为级间反馈。

4.1.2　反馈的判断

引入反馈的形式多种多样，如正反馈、负反馈、直流反馈、交流反馈、电压反馈、电流反馈、串联反馈、并联反馈等，不同的反馈形式对放大器性能的影响也不同。

1. 正反馈和负反馈

按反馈的极性不同，可将反馈分为正反馈和负反馈。正反馈的反馈信号使净输入信号增大，即净输入量 $\dot{X}_i' = \dot{X}_i + \dot{X}_f$，正反馈使电路的放大倍数增大，多用于振荡电路中；负反馈的反馈信号使净输入信号减小，即净输入量 $\dot{X}_i' = \dot{X}_i - \dot{X}_f$，负反馈使电路的放大倍数减小，多用于改善放大电路的交流性能。

正、负反馈的判断标准是反馈量是使净输入信号 $\dot{X}_i'$ 增大还是减小，若使 $\dot{X}_i'$ 增大则是正反馈，使 $\dot{X}_i'$ 减小的是负反馈。判别正、负反馈的方法通常采用的是"瞬时极性法"，首先假设输入信号的某一瞬时极性为正（用"⊕"或"↑"表示），然后逐级推出电路中其他有关节点信号的瞬时极性，特别是输出端的极性；由输出端的极性，再看反馈回来的反馈量的极性，如果反馈信号的瞬时极性使净输入信号增大，则为正反馈；反之，则为负反馈。

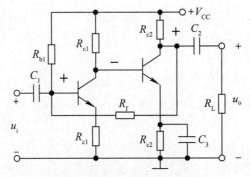

（a）晶体管电路反馈极性判断

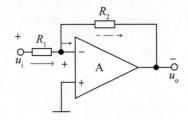

（b）运放电路反馈极性判断

图4-2　反馈极性判断的电路图

在图4-2（a）中，设晶体管 C_1 输入端瞬时极性为"⊕"，经 C_1 倒相，其集电极瞬时极性为"⊖"，此极性经 C_2 的基极输入，再经 C_2 倒相后，使 C_2 集电极瞬时极性为"⊕"，它经 R_f 反馈到 C_1 的基极，与原输入信号瞬时极性相同，使三极管的净输入电流 i_i' 信号增大，因此该电路引入的是正反馈。

在图4-2（b）中，设运放反相输入端的瞬时极性为"⊕"，则运放的输出端瞬时极性为"⊖"，经 R_f 反馈到运放反相输入端的瞬时极性为"⊖"，与原输入信号瞬时极性相反，它使运放反向端的净输入信号电流减小，因此该电路引入的是负反馈。

用瞬时极性法判断反馈极性时，若反馈信号 $\dot{X}_f$ 与输入信号 $\dot{X}_i$ 在同一输入端，则 $\dot{X}_f$ 与 $\dot{X}_i$ 极性相同时为正反馈，极性相反时为负反馈；若反馈信号 $\dot{X}_f$ 与输入信号 $\dot{X}_i$ 在不同的输入端，则 $\dot{X}_f$ 与 $\dot{X}_i$ 极性相同时为负反馈，极性相反时为正反馈。

2. 直流反馈和交流反馈

按照反馈量的交、直流通路性质，可将反馈分为直流反馈和交流反馈。反馈量仅是直流量的称为直流反馈，直流反馈用于稳定放大电路的静态工作点；反馈量仅是交流量的称为交流反馈，交流反馈用于改善放大电路的动态性能。有时放大电路中交、直流反馈同时存在。

判断交、直流反馈的方法是画出放大电路的直流通路和交流通路，如果在直流通路中存在反馈，则为直流反馈；如果在交流通路中存在反馈，则为交流反馈。

图 4-3（a）为射极偏置电路，其直流通路如图 4-3（b）所示，图中 R_e 构成直流负反馈网络，可以将集电极电流的变化转换为 U_e 的变化来影响晶体管的 U_{be}，从而抑制集电极电流发生变化，起到稳定该放大器静态工作点的作用。

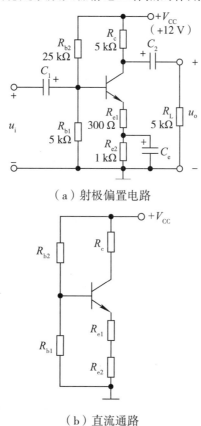

（a）射极偏置电路

（b）直流通路

图 4-3　放大电路中的直流反馈与交流反馈示意图

3. 电压反馈和电流反馈的判断

判断电路中存在的是电压反馈还是电流反馈，可采用负载短路法。假设将放大电路的负载 R_L 交流短路，此时输出电压为零（$u_o = 0$），若反馈信号也为零（$u_f = 0$），则为电压反馈；反之，如果反馈信号依然存在，则为电流反馈。

以图 4-4 各电路图进行判断，图 4-4（a）中假设输出端负载 R_L 短接，即 $u_o = 0$，则反馈电阻 R_f 相当于接在集成运放的同相输入端和地之间，反馈通路消失，反馈信号不存在，故该反馈是电压反馈。图 4-4（b）电路中，如果将负载 R_L 短接，反馈信号 u_f 依然存在，则是电流反馈。

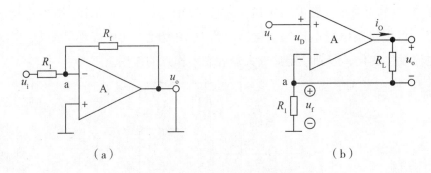

（a）　　　　　　　　　　　　　　　（b）

图4-4　电压反馈和电流反馈的判断

4. 串联反馈和并联反馈的判断

在输入端，输入量、反馈量和净输入量以电压的方式叠加，为串联反馈；以电流的方式叠加，为并联反馈。

判断电路中存在的是串联反馈还是并联反馈，可采用输入回路的反馈节点对地交流短路法。若反馈节点对地交流短路，输入信号作用仍存在，则说明反馈信号和输入信号相串联，故所引入的反馈是串联反馈。若反馈节点对地交流短路，输入信号作用消失，则说明反馈信号和输入信号相并联，故所引入的反馈是并联反馈。

以图4-4所示电路图进行判断，用输入回路的反馈节点对地交流短路法，判断如下：

图4-4（a）中，假设将输入回路反馈节点 a 交流接地，则输入信号 u_i 无法进入放大电路，而只是加在电阻 R_1 上，故所引入的反馈为并联反馈。

图4-4（b）中，如果将反馈节点 a 交流接地，输入信号 u_i 仍然能够加到放大电路中，即加在集成运放的同相输入端，由图可见输入电压 u_i 与反馈电压 u_f 进行电压比较，其差值为集成运放的差模输入电压，故所引入的反馈为串联反馈。

4.2　负反馈的四种组态

在负反馈放大电路中，根据反馈网络在输出端取样对象的不同，可以分为电压负反馈和电流负反馈；根据反馈信号在输入端的连接方式不同，可以分为串联负反馈和并联负反馈。因此，负反馈放大电路可以分为四种不同的组合状态（简称"四种组态"），即电压串联负反馈、电压并联负反馈、电流串联负反馈、电流并联负反馈。

在反馈放大器中，每级放大器各自内部存在的反馈称为本级反馈或局部反馈，跨级间的反馈称为级间反馈或整体反馈，在此主要讨论级间反馈。

负反馈放大电路的组成框图如图4-5所示。

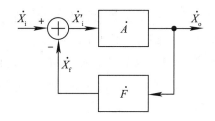

图 4-5 负反馈放大电路的组成框图

图中 $\dot{X}_i,\dot{X}_i',\dot{X}_o,\dot{X}_f$ 分别表示输入信号、净输入信号、输出信号和反馈信号，它们可以是电压也可以是电流。输入端与反馈端的交汇处 "$\oplus$" 表示 $\dot{X}_i$ 和 $\dot{X}_f$ 在此叠加，"$+$" "$-$" 表示 $\dot{X}_i$、$\dot{X}_f$ 叠加后与净输入信号 $\dot{X}_i'$ 之间的关系为

$$\dot{X}_i' = \dot{X}_i - \dot{X}_f \tag{4-1}$$

根据组成框图中各个量之间的定义可得，基本放大电路的开环放大倍数为

$$\dot{A} = \frac{\dot{X}_o}{\dot{X}_i'} \tag{4-2}$$

反馈网络的反馈系数为

$$\dot{F} = \frac{\dot{X}_f}{\dot{X}_o} \tag{4-3}$$

负反馈放大电路的闭环放大倍数为

$$\dot{A}_f = \frac{\dot{X}_o}{\dot{X}_i} \tag{4-4}$$

由式（4-1）～式（4-4）可以推出闭环放大倍数 $\dot{A}_f$ 与开环放大倍数 $\dot{A}$ 以及反馈系数 $\dot{F}$ 之间的关系为 $\dot{A}_f = \dfrac{\dot{X}_o}{\dot{X}_i} = \dfrac{\dot{X}_o}{\dot{X}_i' + \dot{X}_f} = \dfrac{\dot{A}\dot{X}_i'}{\dot{X}_i' + \dot{F}\dot{X}_o} = \dfrac{\dot{A}\dot{X}_i'}{\dot{X}_i' + \dot{A}\dot{F}\dot{X}_i'}$

由此得到负反馈放大电路的一般表达式为

$$\dot{A}_f = \frac{\dot{A}}{1 + \dot{A}\dot{F}} \tag{4-5}$$

式中的 $(1+\dot{A}\dot{F})$ 称为反馈深度。当电路引入负反馈时，$(1+\dot{A}\dot{F}) > 1$，表明引入负反馈后，放大电路的闭环放大倍数是开环放大倍数的 $1/(1+\dot{A}\dot{F})$，即引入反馈后，放大倍数减小了。

若在电路中引入深度负反馈的情况下，有 $\dot{A}\dot{F} \gg 1$，因此深度负反馈放大电路的一般表达式为

$$\dot{A}_f \approx \frac{1}{\dot{F}} \tag{4-6}$$

式（4-6）说明，在深度负反馈条件下，反馈放大器的闭环放大倍数仅取决于反

馈系数 $\dot{F}$，与开环放大倍数无关。由于反馈网络为无源网络，受环境温度的影响很小，因而引入深度负反馈后闭环放大倍数的稳定性很高。

如果在反馈放大电路中发现 $(1+\dot{A}\dot{F}) < 1$，则有 $\dot{A}_{\mathrm{f}} > \dot{A}$，即引入反馈后，放大倍数增大了，则说明电路中引入了正反馈。当 $1+\dot{A}\dot{F}=0$ 时，说明电路在输入为零时就有输出，这时电路产生了自激振荡。

下面针对四种组态，对负反馈放大电路的放大倍数和反馈系数加以分析。

4.2.1　电压串联负反馈

电压串联负反馈组态的方框图如图 4-6 所示。

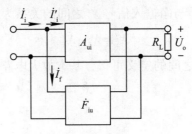

图 4-6　电压串联负反馈

由图可见，基本放大电路的净输入信号是 u_{id}，输出信号是 u_{o}，因此基本放大电路的电压放大倍数 A_{uu} 为

$$A_{\mathrm{uu}} = \frac{u_{\mathrm{o}}}{u_{\mathrm{id}}} \qquad （4-7）$$

因为反馈网络的输入信号是 u_{o}，输出信号是 u_{f}，所以反馈网络的反馈系数 F_{uu} 为

$$F_{\mathrm{uu}} = \frac{u_{\mathrm{f}}}{u_{\mathrm{o}}} \qquad （4-8）$$

式中，F_{uu} 称为电压反馈系数。

对于闭环放大电路，输入信号是 u_{i}，输出信号是 u_{o}，因此闭环电压放大倍数 A_{uuf} 为

$$A_{\mathrm{uuf}} = \frac{u_{\mathrm{o}}}{u_{\mathrm{i}}} \qquad （4-9）$$

由上式可知，电压串联负反馈是输入电压 u_{i} 控制输出电压 u_{o} 进行电压放大，其中 A_{uuf} 也称为闭环电压增益。

电压串联负反馈具有稳定输出电压、减小输出电阻和增大输入电阻的作用。

4.2.2　电压并联负反馈

电压并联负反馈的方框图如图 4-7 所示。

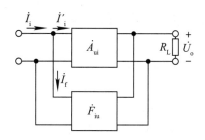

图 4-7 电压并联负反馈

图 4-7 中基本放大电路的输入信号是净输入电流 i_{id}，输出信号是放大电路的输出电压 u_o，因此它的放大倍数 A_{ui} 为

$$A_{ui} = \frac{u_o}{i_{id}} \qquad (4\text{-}10)$$

由上式可知，该放大倍数 A_{ui} 是互阻放大倍数（或称为互阻增益）。

由于反馈网络的输入信号是 u_o，输出信号是 i_f，反馈网络的反馈系数 F_{iu} 为

$$F_{iu} = \frac{i_f}{u_o} \qquad (4\text{-}11)$$

式中，F_{iu} 称为互导反馈系数。

对于闭环放大电路，其输入信号是 i_i，输出信号是 u_o，因此，放大倍数 A_{uif} 为

$$A_{uif} = \frac{u_o}{i_i} \qquad (4\text{-}12)$$

由上式可知，电压并联负反馈是输入电流 i_i 控制输出电压 u_o，将电流转换成电压，其中，A_{uif} 也称为闭环互阻增益。

电压并联负反馈具有稳定输出电压、减小输出电阻和减小输入电阻的作用。

4.2.3 电流串联负反馈

电流串联负反馈电路的方框图如图 4-8 所示。

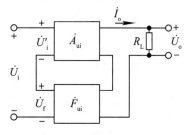

图 4-8 电流串联负反馈

由图 4-8 可知，基本放大电路的输入信号是 u_{id}，输出信号是 i_o，因此基本放大电路的放大倍数 A_{iu} 为

$$A_{iu} = \frac{i_o}{u_{id}} \tag{4-13}$$

式（4-13）中的 A_{iu} 称为转移电导。

反馈网络的输入信号是 i_o，输出信号是 u_f，因此反馈网络的反馈系数 F_{ui} 为

$$F_{ui} = \frac{u_f}{i_o} \tag{4-14}$$

式中，F_{ui} 为互阻反馈系数。

对于闭环放大电路，输入信号是 u_i，输出信号是 i_o，因此闭环互导放大倍数 A_{iuf} 为

$$A_{iuf} = \frac{i_o}{u_i} \tag{4-15}$$

由上式可知，电流串联负反馈是输入电压 u_i 控制输出电流 i_o，将电压转换为电流，其中 A_{iuf} 也称为闭环互导增益。

电流串联负反馈具有稳定输出电流、增大输出电阻和增大输入电阻的作用。

4.2.4 电流并联负反馈

电流并联负反馈的方框图如图 4-9 所示。

由图 4-9 可知，基本放大电路的输入信号是 i_{id}，输出信号是 i_o，因此基本放大电路的放大倍数 A_{ii} 为

$$A_{ii} = \frac{i_o}{i_{id}} \tag{4-16}$$

式中，A_{ii} 为电流增益。

由于反馈网络的输入信号是 i_o，输出信号是 i_f，因此反馈网络的反馈系数 F_{ii} 为

$$F_{ii} = \frac{i_f}{i_o} \tag{4-17}$$

式中，F_{ii} 为电流反馈系数。

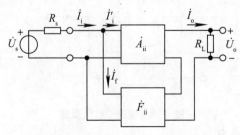

图 4-9 电流并联负反馈

对于闭环放大电路，输入信号是 i_i，输出信号是 i_o，因此闭环电流放大倍数 A_{iif} 为

$$A_{iif} = \frac{i_o}{i_i} \qquad (4-18)$$

由上式可知，电流并联负反馈是输入电流 i_i 控制输出电流 i_o 进行电流放大，其中 A_{iif} 也称为闭环电流增益。

电流并联负反馈具有稳定输出电流、增大输出电阻和减小输入电阻的作用。

在判断集成运放构成的反馈放大电路的反馈极性时，净输入电压指的是集成运放两个输入端的电位差，净输入电流指的是同相输入端或反相输入端的电流。

在判断分立元件反馈放大电路的反馈极性时，净输入电压常指输入级晶体管的 b-e（e-b）间或场效应管 g-s（s-g）间的电位差，净输入电流常指输入级晶体管的基极电流（射极电流）或场效应管的栅极（源极）电流。

在分立元件电流负反馈放大电路中，反馈量常取自输出级晶体管的集电极电流或发射极电流，而不是负载上的电流。此时称输出级晶体管的集电极电流或发射极电流为输出电流，反馈的结果将稳定该电流。

4.3　负反馈放大电路的分析

4.3.1　深度负反馈的实质

实用放大电路中经常引入深度负反馈，因此分析负反馈放大电路的重点是从电路中分离出反馈网络，并求出反馈系数 $\dot{F}$。

若反馈深度 $|1 + \dot{A}\dot{F}| \gg 1$，则负反馈放大电路的闭环放大倍数：

$$\dot{A}_f \approx \frac{1}{\dot{F}} \qquad (4-19)$$

根据 $\dot{A}_f$ 和 $\dot{F}$ 的定义

$$\dot{A}_f = \frac{\dot{X}_o}{\dot{X}_i}, \quad \dot{F} = \frac{\dot{X}_f}{\dot{X}_o}$$

则：

$$\frac{\dot{X}_o}{\dot{X}_i} \approx \frac{\dot{X}_o}{\dot{X}_f}$$

$$\dot{X}_i \approx \dot{X}_f \qquad (4-20)$$

上式表明，深度负反馈放大电路的反馈信号与外加输入信号近似相等。

在深度负反馈条件下，若引入串联负反馈，反馈信号在输入端是以电压形式存在，与输入电压进行比较，则

$$\dot{U}_i \approx \dot{U}_f, \quad \dot{U}_{id} \approx 0 \qquad (4-21)$$

在深度负反馈条件下，若引入并联负反馈，反馈信号在输入端是以电流形式存在的，与输入电流进行比较，则

$$\dot{I}_{\text{i}} \approx \dot{I}_{\text{f}}, \quad \dot{I}_{\text{id}} \approx 0 \qquad (4-22)$$

因此，根据上式可以估算出深度负反馈条件下四种不同组态负反馈放大电路的放大倍数。

4.3.2　并联电压负反馈放大器

反相比例放大器如图 4-10 所示。

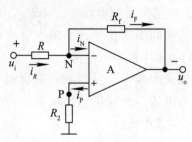

图 4-10　反相比例放大器

电路中引入并联电压负反馈，在深反馈条件下，其闭环增益 A_{uf} 为

$$A_{\text{uf}} = \frac{\dot{U}_{\text{o}}}{\dot{U}_{\text{i}}} = -\frac{R_{\text{f}}}{R_{\text{l}}} \qquad (4-23)$$

闭环输入电阻：$R_{\text{if}} \approx R_{\text{l}}$（理想运放）；闭环输出电阻：$R_{\text{of}} = 0$（理想运放）。

4.3.3　串联电压负反馈放大器

同相比例放大器如图 4-11 所示。电路引入了串联电压负反馈，深度负反馈下，其闭环增益 A_{uf} 为

$$A_{\text{uf}} = \frac{\dot{U}_{\text{o}}}{\dot{U}_{\text{i}}} = \frac{R_1 + R_2}{R_1} = 1 + \frac{R_2}{R_1} \qquad (4-24)$$

闭环输入电阻：$R_{\text{if}} = \infty$（理想运放）；闭环输出电阻：$R_{\text{of}} = 0$（理想运放）。

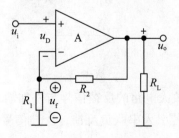

图 4-11　同相比例放大器

4.3.4　串联电流负反馈放大器

串联电流负反馈放大器如图 4-12 所示。从图 4-12 中可以看出，电路中负载 R_L 不接地，即悬浮输出，应用"输出短路法"，令 $R_L = 0$，则输出电压 $U_o = 0$，反馈电压 $U_- = U_{R1} \neq 0$，所以为电流反馈。输入信号加到同相端，反馈加到反相端，净输入信号 $\dot{U}_i' = \dot{U}_i - \dot{U}_f$，为串联负反馈。

闭环增益 A_{uf} 为

$$A_{uf} = \frac{\dot{U}_o}{\dot{U}_i} = \frac{R_L}{R_1} \qquad (4-25)$$

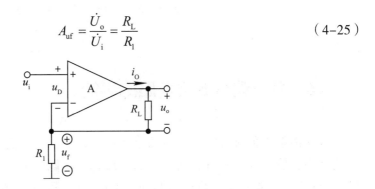

图 4-12　串联电流负反馈放大器

4.3.5　并联电流负反馈放大器

并联电流负反馈放大器如图 4-13 所示。从图 4-13 中可以看出，电路中的负载 R_L 悬浮输出，应用"输出短路法"，令 $R_L = 0$，则输出电压 $U_o = 0$，反馈电流 $i_f = i_{R6} \neq 0$，为电流反馈；输入信号加到反相端，反馈也加到反相端，净输入信号 $\dot{I}_i' = \dot{I}_i - \dot{I}_f < \dot{I}_i$，为并联负反馈。

$$\dot{I}_i = \frac{\dot{U}_i}{R_1} \approx \dot{I}_f = -\frac{\dot{U}_o}{R_L} \cdot \frac{R_5 /\!/ R_6}{R_6} \qquad (4-26)$$

所以，闭环增益 A_{uf} 为

$$A_{uf} = \frac{\dot{U}_o}{\dot{U}_i} = -\frac{R_L}{R_1} \cdot \frac{R_5 + R_6}{R_5} \qquad (4-27)$$

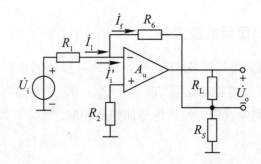

图 4-13　并联电流负反馈放大器

4.4　负反馈对放大电路的影响

负反馈是改善放大电路性能的重要技术措施，其广泛应用于放大电路和反馈控制系统之中。放大电路中引入交流负反馈后，其性能会得到多方面的改善，如提高放大倍数的稳定性、减小非线性失真和抑制干扰、展宽频带、改变输入电阻和输出电阻等。

4.4.1　提高放大倍数的稳定性

放大电路的放大倍数取决于电路元器件参数，当环境温度的变化、器件老化、电源电压波动以及负载变化时，都可能导致放大倍数发生变化。在实际应用中，通常引入负反馈以提高放大电路放大倍数的稳定性。

为了从数量上表示放大倍数的稳定程度，常用有无反馈两种情况下放大倍数的相对变化量的比值来确定 $\left(\text{开环}\dfrac{\mathrm{d}A}{A}\text{、闭环}\dfrac{\mathrm{d}A_\mathrm{f}}{A_\mathrm{f}}\right)$。

对放大电路的闭环放大倍数 $A_\mathrm{f}=\dfrac{A}{1+AF}$ 对 A 取导数得

$$\frac{\mathrm{d}A_\mathrm{f}}{\mathrm{d}A}=\frac{(1+AF)-AF}{(1+AF)^2}=\frac{1}{(1+AF)^2}$$

$$\mathrm{d}A_\mathrm{f}=\frac{\mathrm{d}A}{(1+AF)^2} \tag{4-28}$$

将上式等号两边分别除以 $A_\mathrm{f}=\dfrac{A}{1+AF}$ 左右两边，可得

$$\frac{\mathrm{d}A_\mathrm{f}}{A_\mathrm{f}}=\frac{1}{1+AF}\times\frac{\mathrm{d}A}{A} \tag{4-29}$$

上式表明，引入负反馈后，A_f 的相对变化量 $\dfrac{\mathrm{d}A_\mathrm{f}}{A_\mathrm{f}}$ 仅为无反馈放大电路放大倍数 A 的相对变化量 $\dfrac{\mathrm{d}A}{A}$ 的 $\dfrac{1}{(1+A_\mathrm{f})}$。

因此，可以得出：

（1）$A_\mathrm{f} < A$。即引入负反馈后，放大电路放大倍数变小了。

（2）A_f 的稳定性是 A 的（$1+A_\mathrm{f}$）倍，即引入负反馈后放大倍数的稳定性提高了。

4.4.2　减小非线性失真和抑制干扰

对于理想的放大电路，其输出信号与输入信号应完全呈线性关系。但是，由于组成放大电路的半导体器件（如晶体管和场效应管）均具有非线性特性，当输入信号为幅值较大的正弦波时，输出信号往往不是正弦波。经谐波分析，输出信号中除含有与输入信号频率相同的基波外，还含有其他谐波，因而产生失真。

负反馈可以改善放大电路的非线性失真，但是只能改善反馈环内产生的非线性失真。因加入负反馈、放大电路的输出幅度下降，不好对比，所以必须要加大输入信号，使加入负反馈以后的输出幅度基本达到原来有失真时的输出幅度才有意义。

4.4.3　展宽通频带

由于放大电路中电抗性元件的存在，以及三极管本身结电容的存在，放大电路的放大倍数会随频率变化，即中频段放大倍数较大，高频段和低频段放大倍数随频率的升高和降低而减小，因此放大电路的通频带就比较窄，如图 4-14 所示。

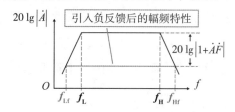

图 4-14　利用负反馈展宽通频带

引入负反馈后，就可以利用负反馈的自身调整作用将通频带展宽。即在中频段由于放大倍数大、输出信号大、反馈信号大，净输入信号减小幅度也大，所以中频段放大倍数有明显的降低。但在高频段和低频段，放大倍数较小、输出信号小、在反馈系数不变的情况下，其反馈信号也小，净输入信号减小的程度比中频段要小，所以高频段和低频段放大倍数降低得少。这样就会使幅频特性变得平坦，上限频率升高，下限频率下降，通频带得到展宽。

引入负反馈后的中频放大倍数和上限频率分别为

$$\dot{A}_\mathrm{mf} = \frac{\dot{A}_\mathrm{m}}{1 + \dot{A}_\mathrm{m}\dot{F}} \tag{4-30}$$

$$f_{Hf} = \left(1 + \dot{A}_m \dot{F}\right) f_H \tag{4-31}$$

可见，引入负反馈后，放大电路的中频放大倍数减小为原来的 $1/\left(1+\dot{A}_m\dot{F}\right)$，而上限频率提高至 $\left(1+\dot{A}_m\dot{F}\right)$ 倍。

引入负反馈后的下限频率为

$$f_{Lf} = \frac{f_L}{1 + \dot{A}_m \dot{F}} \tag{4-32}$$

可见，引入负反馈后下限频率下降为原来的 $1/\left(1+\dot{A}_m\dot{F}\right)$。通过以上分析可以得知，放大电路引入负反馈后，通频带得到了展宽。

通常情况，对于阻容耦合的放大电路，$f_H \gg f_L$；而对于直接耦合的放大电路，$f_L = 0$。所以，通频带可以近似地用上限频率来表示，即认为放大电路未引入反馈时的通频带为

$$f_{BW} = f_H - f_L \approx f_H \tag{4-33}$$

放大电路引入反馈后的通频带为

$$f_{BWf} = f_{Hf} - f_{Lf} \approx f_{Hf} \tag{4-34}$$

而由式（4-31）可知 $f_{Hf} = \left(1+\dot{A}_m\dot{F}\right)f_H$，则

$$f_{BWf} = \left(1 + \dot{A}_m \dot{F}\right) f_{BW} \tag{4-35}$$

引入负反馈后，放大电路的通频带展宽至 $\left(1+\dot{A}_m\dot{F}\right)$ 倍，但放大倍数减小为原来的 $1/\left(1+\dot{A}_m\dot{F}\right)$，因此放大电路引入负反馈后放大倍数与通频带的乘积和放大电路未引入反馈情况下（即开环状态下）放大倍数与通频带的乘积相等，即

$$\dot{A}_{mf} \cdot f_{BWf} = \dot{A}_m \cdot f_{BW} = 常数 \tag{4-36}$$

放大电路的放大倍数与通频带的乘积是它的一项重要指标，通常称为增益带宽积。

4.4.4 改变输入电阻和输出电阻

在放大电路中引入不同组态的交流负反馈，将对输入电阻和输出电阻产生不同的影响。

1. 对输入电阻的影响

负反馈对输入电阻的影响与反馈加入的方式有关，即与串联反馈或并联反馈有关，而与电压反馈或电流反馈无关。

（1）串联负反馈使输入电阻增加。串联负反馈输入端的电路结构形式如图 4-15 所示。

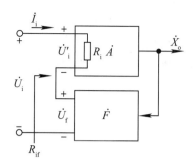

图 4-15　串联负反馈输入端的电路

对电压串联负反馈和电流串联负反馈效果相同。有反馈时的输入电阻为

$$R_{if} = \frac{\dot{U}_i}{\dot{I}_i} = \frac{\dot{U}_i' + \dot{U}_f}{\dot{I}_i} = \frac{\dot{U}_i' + \dot{U}_i'\dot{A}_{uu}\dot{F}_{uu}}{\dot{I}_i} = \left(1 + \dot{A}_{uu}\dot{F}_{uu}\right)\frac{\dot{U}_i'}{\dot{I}_i} = \left(1 + \dot{A}_{uu}\dot{F}_{uu}\right)R_i \qquad (4\text{-}37)$$

式中，$R_i = r_{id}$。

因此，更确切地说，引入串联负反馈，使引入反馈的支路的等效电阻增大到基本放大电路的 $(1+\dot{A}\dot{F})$ 倍。但是，无论哪种情况，引入串联负反馈都将增大输入电阻。

（2）并联负反馈使输入电阻减小。并联负反馈输入端的电路结构形式如图 4-16 所示。

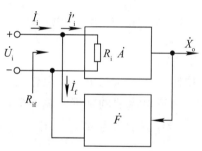

图 4-16　并联负反馈输入端的电路

对电压并联负反馈和电流并联负反馈效果相同，只要是并联负反馈就可使输入电阻减小。有反馈时的输入电阻为

$$R_{if} = \frac{\dot{U}_i}{\dot{I}_i} = \frac{\dot{U}_i}{\dot{I}_i' + \dot{I}_f} = \frac{\dot{U}_i}{\dot{I}_i' + \dot{F}_{ui}\dot{U}_o} = \frac{\dot{U}_i}{\dot{I}_i' + \dot{F}_{ui}\dot{I}_i'\dot{A}_{ui}} = \frac{r_{id}}{1 + \dot{A}_{ui}\dot{F}_{ui}} \qquad (4\text{-}38)$$

上式表明引入并联负反馈后，输入电阻减小，仅为基本放大电路输入电阻的 $1/(1+\dot{A}\dot{F})$。

2. 对输出电阻的影响

输出电阻是从放大电路输出端看进去的等效内阻，因而负反馈对输出电阻的影响取决于基本放大电路与反馈网络在放大电路输出端的连接方式，即取决于电路引入的是电压反馈还是电流反馈。

（1）电压负反馈使输出电阻减小。电压负反馈可以使输出电阻减小，这与电压负反馈可以使输出电压稳定是一致的。输出电阻小，带负载能力强，输出电压的降落就小，稳定性就好。图 4-17 电压负反馈下求输出电阻的等效电路，将负载电阻开路，在输出端加入一个等效的电压 $\dot{U}'_o$，并将输入端接地，于是有

$$\dot{I}'_o = \frac{\dot{U}'_o - \dot{A}_{uo}\dot{X}'_i}{R_o} = \frac{\dot{U}'_o + \dot{A}_{uo}\dot{X}_f}{R_o} = \frac{\dot{U}'_o + \dot{A}_{uo}\dot{F}\dot{U}'_o}{R_o} = \frac{\dot{U}'_o\left(1 + \dot{A}_{uo}\dot{F}\right)}{R_o} \quad （4-39）$$

$$R_{of} = \frac{\dot{U}_o}{\dot{I}_o} = \frac{R_o}{1 + \dot{A}_{uo}\dot{F}} \quad （4-40）$$

式中，$\dot{A}_{uo}$ 为负载开路时的放大倍数。

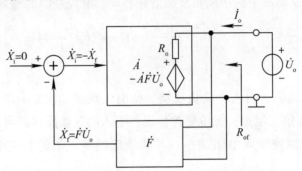

图 4-17　电压负反馈下求输出电阻的等效电路

（2）电流负反馈使输出电阻增大。

电流负反馈可以使输出电阻增大，这与电流负反馈可以使输出电流稳定是一致的。输出电阻大，负反馈放大电路接近电流源的特性，输出电流的稳定性就好。图 4-18 为电流负反馈下求输出电阻的等效电路，将负载电阻开路，在输出端加入一个等效的电压 $\dot{U}'_o$，并将输入端接地。

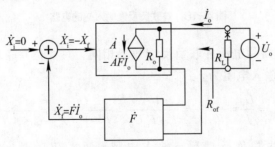

图 4-18　电流负反馈下求输出电阻的等效电路

由图 4-18 可得

$$\dot{A}_{is}\dot{X}'_o = -\dot{A}_{is}\dot{X}_i = \dot{A}_{is}\dot{F}\dot{I}'_o \quad （4-41）$$

$$\frac{\dot{U}_o'}{R_o} = \dot{A}_{is}\dot{F}\dot{I}_o' + \dot{I}_o' = \left(1 + \dot{A}_{is}\dot{F}\right)\dot{I}_o' \qquad (4\text{-}42)$$

$$R_{of} = \frac{\dot{U}_o'}{\dot{I}_o'} = \left(1 + \dot{A}_{is}\dot{F}\right)R_o \qquad (4\text{-}43)$$

式中的 $\dot{A}_{is}$ 是负载短路时的开环增益，即将负载短路，把电压源转换为电流源，再求负载开路时的增益。

本章小结

（1）在放大电路中，将输出量（输出电压或输出电流）的部分或全部，通过一定的方式，送回放大电路的输入回路称为反馈。合理地引入反馈可以改善放大电路的性能指标。

（2）反馈按反馈信号的极性可分为正反馈和负反馈；按反馈信号为直流还是交流可分为直流反馈和交流反馈；按反馈信号取自输出电压还是输出电流可分为电压反馈和电流反馈；按反馈信号与输入信号在输入回路中以电压形式相加减还是以电流形式相加减可分为串联反馈和并联反馈。

（3）直流负反馈的作用是稳定静态工作点，不影响放大电路的动态性能；交流负反馈使放大电路的放大倍数减小，而且可以改善放大电路的各项动态性能指标；电压负反馈具有稳定输出电压的作用，因而减少了放大电路的输出电阻；电流负反馈具有稳定输出电流的作用，因而增大了输出电阻；串联负反馈增大了放大电路的输入电阻；并联负反馈减少了放大电路的输入电阻。

（4）实际负反馈放大电路有四种反馈组态：电压串联负反馈、电压并联负反馈、电流串联负反馈和电流并联负反馈。

电压串联负反馈具有稳定输出电压、减小输出电阻和增大输入电阻的作用；电压并联负反馈具有稳定输出电压、减小输出电阻和减少输入电阻的作用；电流串联负反馈具有稳定输出电流、增大输出电阻和增大输入电阻的作用；电流并联负反馈具有稳定输出电流、增大输出电阻和减小输入电阻的作用。

思考与练习

（1）分别写出引入串联、并联负反馈后放大电路输入电阻的估算表达式，并简述引入串联、并联负反馈前后放大电路输入电阻的变化关系。

（2）分别写出引入电压、电流负反馈后放大电路输出电阻的估算表达式，并简述引入电压、电流负反馈前后放大电路输入电阻的变化关系。

（3）反馈放大电路自激振荡的条件是什么？

（4）如下图所示电路，试在图中画线连接引入电压串联负反馈，此时 T_1、T_2 构成何种电路？T_3 是何种组态？

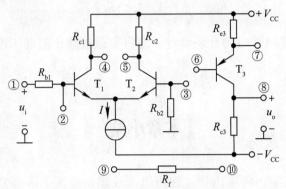

（5）分析如下图所示电路中的各元件的作用，为增大输入电阻，稳定输出电压，减小非线性失真，应引入哪种组态的交流负反馈？在图中画出来。

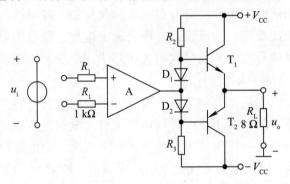

第5章 功率放大电路

5.1 功率放大电路概述

5.1.1 特点和要求

1.功率放大电路的特点

从能量转换的角度来看，功率放大电路与电压放大电路是完全一致的，它们都是在三极管的控制作用下，按输入信号的变化规律将直流电源的电压、电流和功率转换成相应的交流电压、电流和功率传递给负载。但是，功率放大电路和电压放大电路所要完成的任务是不同的，电压放大电路的任务是将微弱的小信号放大，要求在不失真的前提下输出电压尽可能大，即有较高的电压增益。功率放大电路的基本要求是在供电电源（直流电源）一定的情况下，使负载获得尽可能大的交流电压和电流（允许的失真度范围内），即获得尽可能大的交流功率，并且达到尽可能高的转换效率。功率放大电路与一般电压放大电路的分析方法及所关注的问题完全不同。功率放大电路工作在大信号下，因此微变等效电路法不再适用，进行分析时应采用图解法。

2.功率放大电路的要求

对功率放大电路的要求有以下几方面：

（1）要求输出功率尽可能大。为了满足输出最大的功率，功率放大电路中的三极管（功放管）通常工作在其极限参数指标状态。

（2）能量转换效率要求尽可能高。输出给负载的功率是由电源提供的，在输出功率较大的情况下，如果能量转换效率不高，不但造成能量的浪费，而且消耗在功放管和电路中耗能元件的能量会转换为热能，使管子、元件发热，温度升高，不仅会降低电路的工作性能，还有可能使管子、元件损毁。

（3）非线性失真要小。由于功率管处于大信号工作状态，所以由晶体管的非线性引起的非线性失真不可避免。因此，将非线性失真限制在允许的范围内是设计功率放大电路必须考虑的问题。

（4）带负载能力要强。由于功率放大电路直接连接到负载，所以要求其带负载能力强。射极跟随器的特点是输出电阻小，带负载能力较强，因此可以考虑将射极跟随器作为最基本的功率放大电路。

（5）散热措施要合适。功率放大电路中，有相当部分的能量消耗在功放管，功放管温度容易过高，因此应采取适当的散热措施。

（6）应根据极限参数选择晶体管。在功放中，晶体管工作在极限状态，晶体管通过的最大集电极或射极电流接近最大集电极电流，承受的最大管压降接近 c-e 极之间的击穿电压，消耗的最大功率接近集电极最大耗散功率。同时，还应设计相应的过压、过流保护电路。

5.1.2   功率放大电路的工作状态

根据晶体管的导通角不同，功率放大电路的工作状态可以分为以下几类：

（1）甲类：晶体管在信号的整个周期内均处于导通状态（导通角为 360°）。

（2）乙类：晶体管仅在信号的半个周期处于导通状态（导通角为 180°）。

（3）甲乙类：晶体管在信号的半个周期至一个周期内处于导通状态（导通角在 180° 和 360° 之间）。

（4）丙类：晶体管导通角小于 180°。

模拟电路中常见的功率放大电路的工作状态是甲类和甲乙类，本书主要讨论由 BJT 组成的乙类和甲乙类功率放大电路。

5.2   互补对称功率放大电路

5.2.1   乙类互补对称功率放大电路

甲类功率放大电路最大的缺点是效率低，主要是由于甲类功率放大电路在无信号时必须供给很大的工作电流。如果能做到无信号时电源不提供电流，只有在有信号的时候才提供电流，把电源提供的大部分能量都加载在负载上，整体的效率就会提高很多。乙类功率放大电路就是按照这个思路设计的。

乙类功率放大电路虽然管耗小，有利于提高效率，但存在严重的失真，使输入信号的半个波形被削掉了。用两个管子，使之都工作在乙类放大状态，一个在正半周工作，而另一个在负半周工作，这时两者的输出都能加到负载上，从而在负载上得到完整的信号波形，这样就解决了提高效率与避免非线性失真之间的矛盾。

1. 变压器耦合乙类推挽电路

变压器耦合乙类推挽电路如图 5-1 所示。

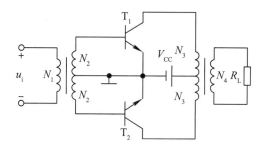

图 5-1　变压器耦合乙类推挽电路

信号的正半周 T_1 导通、T_2 截止；负半周 T_2 导通、T_1 截止。两个管子交替工作，称为"推挽"。由于两个管子类型互补，特性参数对称，所以这种电路通常称为乙类互补推挽功率放大电路。设 β 为常量，则负载上可获得正弦波。

$$U_{om} = \frac{V_{CC} - U_{CES}}{\sqrt{2}} \qquad (5\text{-}1)$$

输入信号越大，电源提供的功率也越大。

2. 无输出变压器的功率放大电路

为解决变压器耦合功放笨重、自身损耗大的缺点，可选用图 5-2 所示电路。

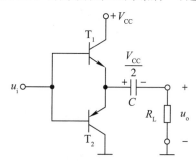

图 5-2　无输出变压器的功率放大电路

$$U_{om} = \frac{\left(\dfrac{V_{CC}}{2}\right) - U_{CES}}{\sqrt{2}} \qquad (5\text{-}2)$$

只有图中电容 C 足够大，才能认为其对交流信号相当于短路。但因为有大电容，电路低频特性差。

3. 乙类双电源互补对称功率放大电路（OCL 电路）

为解决 OTL 电路需要大电容、低频特性差的缺点，可选用如图 5-3 所示的 OCL 电路。静态时，$U_{EQ} = U_{BQ} = 0$。两个管子交替导通，两路电源交替供电，双向跟随效率高，低频特性好。T_1（NPN）和 T_2（PNP）是一对特性一致互补对称的三极管。T_1 和 T_2 的基极和发射极分别相互连接在一起。信号从基极输入，从射极输出，R_L 为负载。乙类互补功率放大电路可以看成由两个射极输出器组合而成。射极输出器的特点是输出电阻小、带负载能力强，适合用作功率输出级。但是，因为没有偏置，它的输出电压只有半个周期的波形，造成输出波形严重失真。为了提高效率、减少失真，采用两个极性相反的射极输出器组成乙类互补功率放大电路。

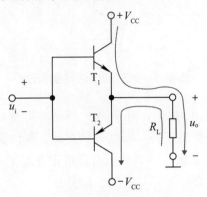

图 5-3　OCL 电路

图 5-3 所示的放大电路实现了在静态时管子不取电流，而在有输入信号时 T_1 和 T_2 轮流导通，减小了静态功耗。

当输入信号处于正半周且幅度大于三极管的开启电压时，NPN 型三极管 T_1 导通，有电流通过负载 R_L，按图 5-3 中的方向，由上到下，与假设正方向相同；当输入信号处于负半周且幅度大于三极管的开启电压时，PNP 型三极管 T_2 导通，有电流通过负载 R_L，方向从下向上，与假设正方向相反。两个三极管正半周、负半周轮流导通，在负载上将正半周和负半周合成在一起，得到一个完整的波形。

4. 分析计算

乙类互补对称功率放大电路的参数包括输出功率、功率管的功率损耗和效率 η。其参数计算包括如下几个部分。

（1）输出功率的计算。若输入为正弦波，则在负载电阻上的输出功率为

$$P_o = U_o I_o = \frac{U_{om}}{\sqrt{2}} \cdot \frac{I_{om}}{\sqrt{2}} = \frac{U_{om}^2}{2R_L} \tag{5-3}$$

式中，U_{om} 为输入电压幅值；I_{om} 为输出电压幅值。

$$U_{om} = \frac{V_{CC} - U_{CES}}{\sqrt{2}} \tag{5-4}$$

当输出幅度最大时，可获得最大输出功率，图 5-3 中的 T_1 和 T_2 可以看成工作在射极输出器状态，$A_u \approx 1$。当输入信号足够大，使 $U_{im} = U_{om} = V_{CC} - U_{CES}$ 时，忽略三极管的饱和压降，负载上最大的输出电压幅值 $U_{ommax} = V_{CC}$。

显然，电路实测的最大输出功率要比计算的数值小一些。一般在输出功率最大时，非线性失真也会大一些。

（2）功率管的功率损耗计算。三极管的功率损耗主要是集电结的功耗，直流电源输出的功率有一部分通过三极管转换为放大电路输出功率，剩余的部分则消耗在三极管上，形成三极管的管耗。对于乙类互补对称功率放大电路，在输出正弦波的幅值为 U_{om} 时，输出功率为

$$P_o = \frac{U_{om}^2}{2R_L} \qquad (5-5)$$

对应的直流电源提供的功率为

$$P_{CC} = \frac{1}{\pi} \int_0^{\pi} V_{CC} i_{ccd}(\omega t) = \frac{V_{CC}}{\pi} \int_0^{\pi} \frac{U_{om}}{R_L} \sin \omega t \cdot d(\omega t) = \frac{2V_{CC} U_{om}}{\pi R_L}$$

两个三极管的功耗为

$$P_T = P_{CC} - P_o = \frac{2V_{CC} U_{om}}{\pi R_L} - \frac{U_{om}^2}{2R_L} \qquad (5-6)$$

P_T 和 U_{om} 成非线性关系，可用 P_T 对 U_{om} 求导的办法求出最大值，P_{Tmax} 发生在 $U_{om} = 0.64V_{CC}$ 处，将 $U_{om} = 0.64V_{CC}$ 代入表达式，可得

$$P_{Tmax} = \frac{2V_{CC} U_{om}}{\pi R_L} - \frac{U_{om}^2}{2R_L} = \frac{2V_{CC} \cdot 0.64V_{CC}}{\pi R_L} - \frac{(0.64V_{CC})^2}{2R_L} = 0.4P_{omax}$$

对一个三极管来说

$$P_{T1max} = P_{T2max} \approx 0.2P_{omax} \qquad (5-7)$$

功率三极管的功耗会以发热的形式体现，为此必须给三极管加一定大小的散热器，以帮助三极管散热。否则三极管的温度上升，会导致反向饱和电流急剧增加，使三极管不能正常工作，甚至损毁。

（3）效率的计算。乙类互补对称功率放大电路的效率为

$$\eta = \frac{P_o}{P_{CC}} \times 100\% = \frac{U_{om}^2}{2R_L} / \frac{2V_{CC} U_{om}}{R_L} \times 100\% = \frac{\pi}{4} \frac{U_{om}}{V_{CC}} \times 100\% \qquad (5-8)$$

显然，当 $U_{om} = V_{CC}$ 时效率最高，乙类互补对称功率放大电路的效率最高为 $\eta = \frac{\pi}{4} \times 100\% = 78.5\%$。因为没有考虑三极管的饱和压降，显然实际数值要小于 78.5%。

5. 交越失真

在乙类互补对称功率放大电路中，两个三极管一个工作在正半周，一个工作在负半周，两个三极管轮流导通，在负载上得到一个完整的正弦波形。由于三极管的静态电流为零，当输入信号小于三极管的开启电压时，三极管不能导通，因此在正、负半周交替过零处会出现一些非线性失真。这种因静态工作点过低而在两管电流交接处引起的失真被称为交越失真，信号的幅度越小，交越失真越大，如图 5-4 所示。克服交越失真的措施就是给晶体管加适当的正向偏置，使晶体管避开死区电压，处于微导通状态。输入信号一旦加入，晶体管立即进入线性放大区。

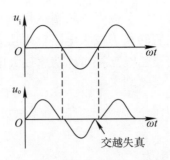

图 5-4　乙类互补对称功率放大电路的交越失真

5.2.2　甲乙类互补对称功率放大电路

为消除交越失真，我们可以给每个三极管一个很小的静态电流，即让功率三极管工作在甲乙类状态，这样既能减小交越失真，又不至于对功率和效率有太大的影响。

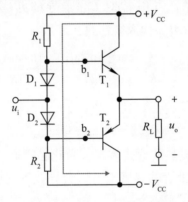

图 5-5　甲乙类互补对称功率放大电路

如图 5-5 所示，由于在 T_1、T_2 的基极回路接入了电阻 R_1、R_2 和两个二极管 D_1、D_2，产生一个偏压，因此当 $u_i = 0$ 时，T_1、T_2 已微导通，在两个晶体管的基极已经各自存在一个较小的基极电流 i_{B1} 和 i_{B2}，因而在两个三极管的集电极回路也各有一个较小的集电极电流 i_{C1} 和 i_{C2}。当加上正弦输入电压 u_i 时，在正半周，i_{C1} 逐渐增大，i_{C2} 逐渐减小，然后 T_2 截止；在负半周则相反，i_{C2} 逐渐增大，i_{C1} 逐渐减小，然后 T_1 截止。可见，两个三极管轮流导通的交替过程比较平滑，最终得到的 u_o 波形接近于理想的正弦波，减小了交越失真。

可看到，此时每个三极管的导通角略大于 $180°$，且小于 $360°$，所以 T_1、T_2 工作在甲乙类状态。

但利用二极管进行偏置的甲乙类互补对称电路，其偏置电压不易调整，常采用如图 5-6 所示 U_{BE} 扩展电路来解决。

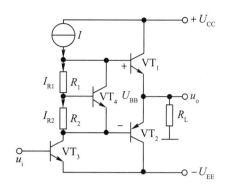

图 5-6　U_{BE} 扩展电路

在图 5-6 中，流入 VT_4 的基极电流远小于流过 R_1、R_2 的电流，则由图可求出

$$U_{CE4} = U_{BE4} \frac{(R_1 + R_2)}{R_2} \tag{5-9}$$

因此，利用 VT_4 管的 V_{BE4} 基本为一个固定值（硅管为 0.6 ~ 0.7 V），只要适当调节 R_1、R_2 的比值，就可改变 VT_1 和 VT_2 的偏压值。这种方法在集成电路中经常用到。

除了 U_{BE} 扩展电路外，还可以采用单电源互补对称电路来消除交越失真。

图 5-7 是采用单电源的互补对称原理的电路，图中的 T_2 和 T_1 组成互补对称电路输出级。

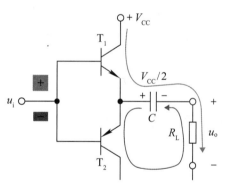

图 5-7　单电源互补对称电路

当加入信号 U_1 时，在信号的正半周，T_1 导电，有电流通过负载 R_L，同时向 C 充电；在信号的负半周，T_2 导电，已充电的电容 C 起着双电源互补对称电路中电源 $-V_{CC}$ 的作用，通过负载 R_L 放电。只要选择的时间常数足够大（比信号的最长周期还大得多），就可以认为用电容 C 和一个电源 V_{CC} 可代替原来的 $+V_{CC}$ 和 $-V_{CC}$ 两个电源的作用。

单电源互补对称电路虽然解决了工作点的偏置和稳定问题，但在实际运用中还存在其他方面的问题。在额定输出功率情况下，通常输出级的 BJT 处在接近充分利用的状态下工作。

若要求功率放大器输出较大的功率，则须采用中功率或大功率管。但目前 NPN 型大功率管一般都是硅管，而 PNP 型大功率管一般都是锗管，因此很难选配到类型不同而特性对称的大功率管，为此通常采用复合管来代替大功率管。

在单电源互补对称功率放大电路中，每个管子的工作电压都是 $\frac{V_{CC}}{2}$，显然输出电压的最大值也就只能达到约 $\frac{V_{CC}}{2}$，所以在双电源互补对称功率放大电路中推导的计算公式，必须用 $\frac{V_{CC}}{2}$ 代替式中的 V_{CC} 加以修正，才能得到双电源互补对称功率放大电路相应的参数计算公式。

5.3　集成功率放大电路

随着线性集成电路的发展，集成功率放大电路的应用已日益广泛。目前，国内外厂家已生产出多种型号的集成功率放大电路。

5.3.1　LM386 集成功率放大器

LM386 是 8 引脚 DIP 封装，消耗的静态电流约为 4 mA，是应用电池供电的理想器件。该集成功率放大器同时提供电压增益放大，其电压增益通过外部连接的变化可在 20 ~ 200 范围内调节。其供电电源电压范围为 4 ~ 15 V，在 8 W 负载下，最大输出功率为 325 mW，内部没有过载保护电路。功率放大器的输入阻抗为 50 kΩ，频带宽度为 300 kHz。

5.3.2　高功率集成功率放大器 TDA2006

TDA2006 集成功率放大器是一种具有内部短路保护和过热保护功能的大功率音频功率放大集成电路。它的电路结构紧凑，引脚仅有 5 个，补偿电容全部在内部，外围元件少，使用方便，不仅常在录音机、组合音响等家电设备中采用，在自动控制装置中也有广泛使用。

本章小结

（1）功率放大电路概述。阐明了功率放大电路的组成、工作原理及主要性能指标等。功率放大电路是在大信号下工作，通常采用图解法进行分析。研究的重点是如何在允许的失真情况下，尽可能提高输出功率和效率。

（2）互补对称功率放大电路。在电源电压确定的情况下，功率放大电路以输出尽可能大的不失真的信号功率和具有尽可能高的转换效率为原则，通常处在极限工作状态。功率放大电路分为甲类、乙类、甲乙类等。甲类功率放大电路失真小，但是效率低；乙类功率放大电路的优点是效率高，但是会产生交越失真；克服交越失真的方法是采用甲乙类互补对称电路。通常可利用二极管或 U_{BE} 倍增电路进行偏置。

（3）集成功率放大电路。随着线性集成电路的发展，集成功率放大器的应用已日益广泛。目前，国内外厂家已生产出多种型号的集成功率放大器。

思考与练习

（1）甲类、乙类、甲乙类功率放大电路中晶体管的导通角分别是多少？

（2）乙类推挽功率放大电路的效率如何？在理想情况下其值可达多少？这种电路会产生什么失真现象？为了消除这种失真，应当使推挽功率放大电路工作在什么状态？

（3）当如图所示电路出现下列故障时，分别产生什么现象？

① R_2 开路；② D_1 开路；③ R_2 短路。

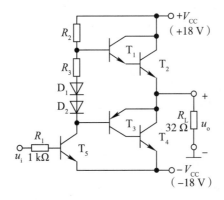

（4）当如图所示电路出现下列故障时，分别产生什么现象？

① D_1 开路；② D_1 短路；③ R_1 开路；④ R_1 短路。

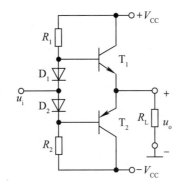

第6章　放大电路的频率响应

6.1　频率响应概述

6.1.1　频率特性及参数

频率响应又称频率特性，即放大器放大倍数和相移随频率变化的特性，可表现放大电路对不同信号频率的适应程度。在使用一个放大电路时应了解其信号频率的适用范围，而在设计放大电路时应满足信号频率的范围要求。

由于实际放大器中存在电抗元件（如晶体管的极间电容、负载电容、分布电容、引线电感等），放大器对不同频率信号分量的放大倍数和相移不同。放大倍数与频率的关系称为振幅频率特性，简称幅频特性；相移与频率的关系称为相位频率特性，简称相频特性。

图 6-1 为阻容耦合放大器的幅频特性。

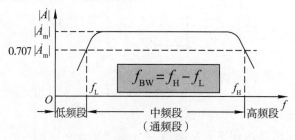

图 6-1　幅频特性

如图 6-1 所示为阻容耦合放大器的幅频特性，可见中间一段比较平坦，放大倍数近似为一常数，称为中频电压放大倍数 A_{u1}。随着频率升高，晶体管极间电容和电路的负载电容、分布电容等的作用，会使放大倍数下降。放大倍数下降为中频放大倍数的 $1/\sqrt{2}$（或 0.707）时的频率定义为上限频率 f_H。由于耦合电容和旁路电容的存在，随着频率的下降，放大倍数也会下降。同理，放大倍数下降为中频放大倍数的 $1/\sqrt{2}$（或 0.707）时的频率定义为下限频率 f_L。因此，将实际幅频响应划分为三个区域，小于 f_L 的称低频区，高于 f_H 的称高频区，介于 f_L 和 f_H 之间的为中频区，并定义

通频带（或带宽）：

$$\mathrm{BW} = f_\mathrm{H} - f_\mathrm{L} \tag{6-1}$$

增益带宽积：

$$G \cdot \mathrm{BW} = \left| A_\mathrm{ui} \cdot \mathrm{BW} \right| \approx \left| A_\mathrm{ui} \cdot f_\mathrm{H} \right| \tag{6-2}$$

以上限频率为例，根据定义 $A_\mathrm{u}(jf_\mathrm{H}) = (1/\sqrt{2})A_\mathrm{ui}$，两边取对数可得

$$20\lg\left|A_\mathrm{u}(jf_\mathrm{H})\right| = 20\lg\left|A_\mathrm{ui}\right| - 3\,\mathrm{dB} \tag{6-3}$$

所以，上述定义也称为 –3 dB 上 / 下限频率点，上述通频带也称 –3 dB 带宽。因为在上 / 下限频率处，输出信号功率为中频区的一半，所以也称上述定义为半功率点。

6.1.2 频率失真

实际应用中的信号，如语音信号、图像信号等，都不是简单的单频信号，都是由许多不同频率、不同相位的分量组成的复杂信号。由于电路中存在电抗元件，放大器对不同频率信号分量的放大倍数和相移不同，由此而引起的信号失真称为频率失真。

若某待放大信号由基波 ω_1 和三次谐波 $3\omega_1$ 组成，由于电路中存在电抗元件，放大器对三次谐波的放大倍数小于对基波的放大倍数。那么放大后的信号各频率分量的大小比例将不同于输入信号，放大后的合成信号将产生失真，这种失真就是振幅频率失真，简称幅频失真。如果放大器对各频率分量信号的放大倍数相同，但延迟时间不同，那么放大后的合成信号也将产生失真。由于相位 $\varphi = \omega t$，延迟时间不同则意味着相位 φ 不同，这种失真就是相位频率失真，简称相频失真。幅频失真和相频失真都是由电路中的线性电抗元件引起的，故统称线性失真。

6.1.3 无源 RC 电路的频率响应

1.高通电路

在放大电路中，由于耦合电容、旁路电容等（容量较大的电容）的存在，对信号构成了高通电路。信号频率越高，输出电压越接近输入电压，即对于频率足够高的信号，电容相当于短路，信号几乎毫无损失地通过；当信号频率低到一定程度时，耦合电容、旁路电容的容抗不可忽略，信号将在其上产生压降，从而导致放大倍数的数值减小且产生相移。

高通电路及其频率响应如图 6-2 所示。

· 113 ·

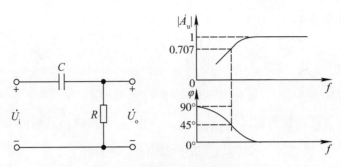

图 6-2　高通电路及其频率响应

在如图 6-2 所示的高通电路中，设输出电压 $\dot{U}_o$ 与输入电压 $\dot{U}_i$ 之比为 $\dot{A}_u$，则

$$\dot{A}_u = \frac{\dot{U}_o}{\dot{U}_i} = \frac{R}{R + \dfrac{1}{j\omega C}} = \frac{1}{1 + \dfrac{1}{j\omega RC}} \qquad (6\text{-}4)$$

式中，ω 为输入信号的角频率；RC 为回路的时间常数 τ。

令 $\omega_L = \dfrac{1}{RC} = \dfrac{1}{\tau}$，则

$$f_L = \frac{\omega_L}{2\pi} = \frac{1}{2\pi\tau} = \frac{1}{2\pi RC} \qquad (6\text{-}5)$$

因此

$$\dot{A}_u = \frac{1}{1 + \dfrac{\omega_L}{j\omega}} = \frac{1}{1 - j\dfrac{f_L}{f}} \qquad (6\text{-}6)$$

将 $\dot{A}_u$ 用其幅值与相角表示，得出

$$\left|\dot{A}_u\right| = \frac{1}{\sqrt{1 + \left(\dfrac{f_L}{f}\right)^2}}, \quad \varphi = \arctan\frac{f_L}{f} \qquad (6\text{-}7)$$

$\left|\dot{A}_u\right|$ 的表达式表明 $\dot{A}_u$ 的幅值与频率的函数关系，故称之为 $\dot{A}_u$ 的幅频特性；φ 的表达式表明 $\dot{A}_u$ 的相位与频率的函数关系，故称之为 $\dot{A}_u$ 的相频特性。

由 $\left|\dot{A}_u\right|$ 和 φ 的表达式可知，当 $f \gg f_L$ 时，$\left|\dot{A}_u\right| \approx 1$，$\varphi \approx 0°$；当 $f = f_L$ 时，$\left|\dot{A}_u\right| = \dfrac{1}{\sqrt{2}}$，$\varphi = 45°$；当 $f \ll f_L$ 时，$\dfrac{f}{f_L} \ll 1$，$\left|\dot{A}_u\right| \approx \dfrac{f}{f_L}$，表明 f 每下降为原来的 1/10，$\left|\dot{A}_u\right|$ 也下降为原来的 1/10；当 f 趋于 0 时，$\left|\dot{A}_u\right|$ 也趋于 0，φ 趋于 +90°。由此可见，对于高通电路，频率越低，衰减越大，相移越大；只有当信号频率远高于 f_L 时，U_o 才约等于 U_i。定义 f_L 为下限截止频率，当信号处在 f_L 时，$\dot{A}_u$ 的幅值下降为原来的 0.707，相移为超前 45°。

2. 低通电路

由于晶体管极间电容和分布电容、寄生电容等杂散电容的存在，对信号构成了低通电路。信号频率越低，输出电压越接近输入电压，即对于频率足够低的信号相当于开路，对电路不产生影响；当信号频率高到一定程度时，极间电容和分布电容、寄生电容等杂散电容的容抗减小，分流将不可忽略，使动态信号损失，放大能力下降，从而导致放大倍数的数值减小且产生相移。

低通电路及其频率响应如图 6-3 所示。

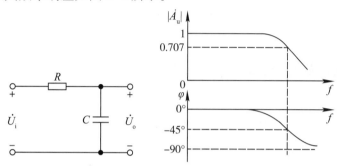

图 6-3　低通电路及其频率响应

在如图 6-3 所示的低通电路中，输出电压 $\dot{U}_\mathrm{o}$ 与输入电压 $\dot{U}_\mathrm{i}$ 之比为

$$\dot{A}_\mathrm{u} = \frac{\dot{U}_\mathrm{o}}{\dot{U}_\mathrm{i}} = \frac{\dfrac{1}{\mathrm{j}\omega C}}{R + \dfrac{1}{\mathrm{j}\omega C}} = \frac{1}{1 + \mathrm{j}\omega RC} \tag{6-8}$$

回路的时间常数 $\tau = RC$，令 $\omega_\mathrm{H} = \dfrac{1}{\tau}$，则

$$f_\mathrm{H} = \frac{\omega_\mathrm{H}}{2\pi} = \frac{1}{2\pi\tau} = \frac{1}{2\pi RC} \tag{6-9}$$

因此，可得

$$\dot{A}_\mathrm{u} = \frac{1}{1 + \mathrm{j}\dfrac{\omega}{\omega_\mathrm{H}}} = \frac{1}{1 + \mathrm{j}\dfrac{f}{f_\mathrm{H}}} \tag{6-10}$$

将 $\dot{A}_\mathrm{u}$ 用其幅值及相角表示，得出

$$\left|\dot{A}_\mathrm{u}\right| = \frac{1}{\sqrt{1 + \left(\dfrac{f}{f_\mathrm{H}}\right)^2}}, \quad \varphi = -\arctan\frac{f}{f_\mathrm{H}} \tag{6-11}$$

$\left|\dot{A}_\mathrm{u}\right|$ 是 $\dot{A}_\mathrm{u}$ 的幅频特性，φ 是 $\dot{A}_\mathrm{u}$ 的相频特性。

由 $\left|\dot{A}_\mathrm{u}\right|$ 和 φ 的表达式可知，当 $f \ll f_\mathrm{H}$ 时，$\left|\dot{A}_\mathrm{u}\right| \approx 1$，$\varphi \approx 0°$；当 $f = f_\mathrm{L}$ 时，$\left|\dot{A}_\mathrm{u}\right| = \dfrac{1}{\sqrt{2}}$，

$\varphi = -45°$；当 $f \gg f_L$ 时，$\dfrac{f}{f_H} \gg 1$，$\left| \dot{A}_u \right| \approx \dfrac{f_H}{f}$，表明 f 每升高 10 倍，$\left| \dot{A}_u \right|$ 降低为原来的 1/10；当 f 趋于无穷大时，$\left| \dot{A}_u \right|$ 趋于零，φ 趋于 $-90°$。由此可见，对于低通电路，频率越高，衰减越大，相移越大；只有当频率远低于 f_H 时，U_o 才约等于 U_i。定义 f_H 为上限截止频率，信号处在 f_H 时，$\left| \dot{A}_u \right|$ 下降到原来的 0.707，相移滞后 45°。

对于放大电路，它的上限频率 f_H 与下限频率 f_L 之差就是它的通频带，即

$$f_{BW} = f_H - f_L \tag{6-12}$$

6.2 单管放大电路的频率响应

在如图 6-4 所示的单级阻容耦合共射极放大电路中，中频段的电压放大倍数可以运用前面介绍的分析方法来计算。在 $R_b \gg r_{be}$ 的条件下，

$$\dot{A}_{usm} = \dot{A}_{um} \cdot \frac{R_i}{R_s + R_i} = \frac{-\beta \left(R_c // R_L \right)}{r_{be}} \cdot \frac{r_{be}}{R_s + r_{be}} = -\frac{-\beta R_L'}{R_s + r_{be}} \tag{6-13}$$

式中，$R_L' = R_c // R_L$。

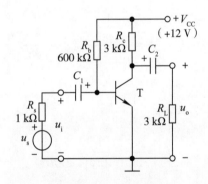

图 6-4 单级阻容耦合共射极放大电路

6.2.1 单级阻容耦合共射极放大电路的低频特性

在如图 6-4 所示的电路中，随着信号频率的降低，耦合电容 C_1 和 C_2 的容抗不断增大，电容上的交流信号压降也不断增大，从而使电压放大倍数减小。两个电容对低频段的电压放大倍数 $\dot{A}_{usl}$ 都有影响，下面分别进行讨论。

1. 电容 C_1 单独作用时的低频特性

只考虑电容 C_1 时，（假设 C_2 容抗很小，对交流信号可视为短路；$R_b \gg r_{be}$，故忽略不计）

$$\dot{A}_{\text{usl1}} = \dot{A}_{\text{usm}} \cdot \frac{1}{\sqrt{1+\left(\dfrac{f_{\text{L}}}{f}\right)^2}} \qquad (6\text{-}14)$$

以分贝为单位，式（6-14）表示的幅频特性可写成

$$A_{\text{usl1}}(\text{dB}) = 20\lg A_{\text{usm}} - 20\lg\sqrt{1+\left(\dfrac{f_{\text{L}}}{f}\right)^2} \qquad (6\text{-}15)$$

由式（6-15）可知，当 $f \gg f_{\text{L}}$ 时，$A_{\text{usl1}}(\text{dB}) = 20\lg A_{\text{usm}}$，即为中频电压放大倍数；当 $f = f_{\text{L}}$ 时，$A_{\text{usl1}}(\text{dB}) = 20\lg A_{\text{usm}} - 3$；当 $f \ll f_{\text{L}}$ 时，$A_{\text{usl1}}(\text{dB}) = 20\lg A_{\text{usm}} - 20\lg(f_{\text{L}}/f)$，取 $f = 0.1f_{\text{L1}}$，可得 $A_{\text{usl1}}(\text{dB}) = 20\lg A_{\text{usm}} - 20$。由此可以画出由斜率为 $+20$ dB/ 十倍频的斜线和斜率为 $20\lg A_{\text{usm}}$ 的水平线组成的幅频特性曲线，如图 6-5 所示。显然，最大误差发生在 $f = 0.1f_{\text{L}}$ 处，与用虚线表示的实际的频率响应曲线相差 3 dB。

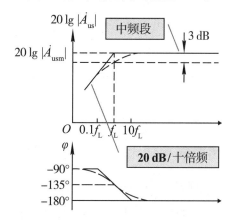

图 6-5　C_1 单独作用的低频特性

相频特性

$$\varphi_{\text{L}} = -180° + \arctan\left(\frac{f_{\text{L}}}{f}\right) \qquad (6\text{-}16)$$

由式（6-16）可知：若 $f \gg f_{\text{L}}$，则 $\phi_{\text{L}} \approx -180°$；若 $f = 10f_{\text{L}}$，$\phi_{\text{L}} = -180°+5.7° = -174.3°$，近似取为 $-180°$；若 $f = f_{\text{L}}$，则 $\phi_{\text{L}} = -180°+4° = -135°5$；若 $f \ll f_{\text{L}}$，则 $\phi_{\text{L}} \approx -90°$；若 $f = 0.1f_{\text{L}}$，$\phi_{\text{L}} = -180°+84.3° = -95.7°$，近似取为 $-90°$。由此可以画出由两条水平线段和一条斜率为 $-45°/$ 十倍频的斜线组合成的相频特性曲线，如图 6-5 所示。显然，最大误差发生在 $f = 0.1f_{\text{L}}$ 和 $f = 10f_{\text{L}}$ 处，它们相差 $5.7°$。

2. 电容 C_2 单独作用时的低频特性

只考虑 C_2 时，（假设 C_1 的容抗很小，对交流信号视为短路）

$$\dot{A}_{\text{usl2}} = \dot{A}_{\text{usm}} \cdot \frac{1}{1 - \text{j}\dfrac{f_{\text{L2}}}{f}} \tag{6-17}$$

3. 电容 C_1、C_2 共同作用下的低频特性

同时考虑电容 C_1、C_2 对放大倍数的影响时，低频段的电压放大倍数的表达式为

$$\dot{A}_{\text{usl}} = \frac{\dot{A}_{\text{usm}}}{\left(1 - \text{j}\dfrac{f_{\text{L1}}}{f}\right)\left(1 - \text{j}\dfrac{f_{\text{L2}}}{f}\right)} \tag{6-18}$$

令式中 f 取不同的值，可以分别求出幅频特性和相频特性表达式以及低频电压放大倍数的幅值和相角。

除了按式（6-18）来较精确地计算 $\dot{A}_{\text{usl}}$ 之外，也可以由 f_{L1} 和 f_{L2} 计算出下限截止频率 $f_{\text{L}} \approx 1.1\sqrt{f_{\text{L1}}^2 + f_{\text{L2}}^2}$。

如果 f_{L1} 和 f_{L2} 相差 4 倍以上，也可以近似地把较大的一个作为电路的 f_{L}，这样低频特性可以近似地表示为

$$\dot{A}_{\text{usl}} \approx \frac{\dot{A}_{\text{usm}}}{1 - \text{j}\dfrac{f_{\text{L}}}{f}} \tag{6-19}$$

6.2.2　单级阻容耦合共射极放大电路的高频特性

对于如图 6-4 所示电路，将耦合电容 C_1、C_2 短路，三极管用简化 π 型等效电路来表示，得到高频区等效电路，如图 6-6 所示。$R_{\text{b}} \gg \left(r_{\text{bb'}} + r_{\text{b'e}}\right)$，故 $r_{\text{bb'}} + r_{\text{b'e}}$ 忽略不计。

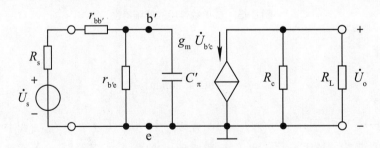

图 6-6　高频区等效电路

$$\dot{A}_{\text{ush}} = \frac{\dot{A}_{\text{usm}}}{1 + \text{j}\dfrac{f}{f_{\text{H}}}} \tag{6-20}$$

式（6-20）就是放大电路的高频段频率响应表达式。求出上式的幅值表达式，即为幅频特性：

$$A_{\text{ush}} = \dfrac{A_{\text{usm}}}{\sqrt{1 + j\left(\dfrac{f_{\text{H}}}{f}\right)^2}} \tag{6-21}$$

再将上式用分贝（dB）为单位来表示，可写成

$$A_{\text{ush}}(\text{dB}) = 20\lg A_{\text{usm}} - 20\lg\sqrt{1 + j\left(\dfrac{f}{f_{\text{H}}}\right)^2} \tag{6-22}$$

由式（6-22）可知：当 $f \ll f_{\text{H}}$ 时，$A_{\text{ush}}(\text{dB}) = 20\lg A_{\text{usm}}$，即为中频电压放大倍数；当 $f = f_{\text{H}}$ 时，$A_{\text{ush}}(\text{dB}) = 20\lg A_{\text{usm}} - 3$；当 $f \gg f_{\text{H}}$ 时，$A_{\text{ush}}(\text{dB}) = 20\lg A_{\text{usm}} - 20\lg(f/f_H)$；当 $f = 10f_{\text{H}}$ 时，可得 $A_{\text{ush}}(\text{dB}) = 20\lg A_{\text{usm}} - 20$。由此可以画出由斜率为 -20 dB/ 十倍频的斜线和斜率为 $20\lg A_{\text{usm}}$ 的水平线组成的幅频特性曲线，如图 6-7 所示。在 $f = f_{\text{H}}$ 处具有 3 dB 的最大误差。

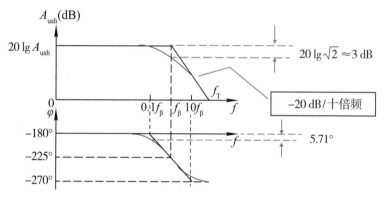

图 6-7　高频特性曲线

写出式（6-20）的相位表达式，即为相频特性：

$$\varphi_{\text{h}} = -180^{\circ} + \arctan\left(\dfrac{f}{f_{\text{H}}}\right) \tag{6-23}$$

在式（6-23）中：若 $f \ll f_{\text{H}}$，则 $\phi_{\text{h}} \approx -180^{\circ}$；当 $f = 0.1f_{\text{H}}$ 时，$\phi_{\text{h}} \approx -185.7^{\circ}$，近似取为 -180°；当 $f = f_{\text{H}}$ 时，$\phi_{\text{h}} \approx -225^{\circ}$；当 $f \gg f_{\text{H}}$ 时，$\phi_{\text{h}} \approx -270^{\circ}$；当 $f = 10f_{\text{H}}$ 时，$\phi_{\text{h}} \approx -264.3^{\circ}$，近似取为 -270°。这样可以画出由两条水平线段和一条斜率为 $-45^{\circ}/$ 十倍频的斜线组合成的相频特性曲线，如图 6-8 所示。显然，最大误差发生在 $f = 0.1f_{\text{H}}$ 和 $f = 10f_{\text{H}}$ 处，它们相差 5.7°。

6.2.3　全频段的频率响应

将描述单级共射放大电路的低频特性和高频特性的表达式综合起来，可得到放大电路全频段的频率响应表达式：

$$\dot{A}_{\mathrm{us}} = \frac{\dot{A}_{\mathrm{usm}}}{\left(1+\mathrm{j}\dfrac{f_{\mathrm{L}}}{f}\right)\left(1+\mathrm{j}\dfrac{f}{f_{\mathrm{H}}}\right)} \tag{6-24}$$

使用前面介绍的方法，由式（6-24）可画出全频段频率响应波特图，如图6-8所示。

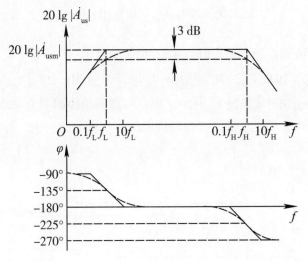

图 6-8 对应图 6-4 电路全频段频率响应曲线

6.3 多级放大电路的频率响应

多级放大器的总增益为

$$A_{\mathrm{u}}(\mathrm{j}\omega) = A_{\mathrm{u1}}(\mathrm{j}\omega)A_{\mathrm{u2}}(\mathrm{j}\omega)\bullet\cdots\bullet A_{\mathrm{u}n}(\mathrm{j}\omega) = \prod_{k=1}^{n}A_{\mathrm{u}k}(\mathrm{j}\omega) \tag{6-25}$$

两边取对数，可得其幅频特性为

$$20\lg\left|A_{\mathrm{u}}(\mathrm{j}\omega)\right| = 20\lg\left|A_{\mathrm{u1}}(\mathrm{j}\omega)\right| + 20\lg\left|A_{\mathrm{u2}}(\mathrm{j}\omega)\right| + \cdots + 20\lg\left|A_{\mathrm{u}n}(\mathrm{j}\omega)\right|$$

$$= \sum_{k=1}^{n}20\lg\left|A_{\mathrm{u}k}(\mathrm{j}\omega)\right| \tag{6-26}$$

相频特性为

$$\varphi(\mathrm{j}\omega) = \varphi_1(\mathrm{j}\omega) + \varphi_2(\mathrm{j}\omega) + \cdots + \varphi_n(\mathrm{j}\omega) = \sum_{k=1}^{n}\varphi_k(\mathrm{j}\omega) \tag{6-27}$$

可见，多级放大器的对数幅频特性为各级对数幅频特性之和，总相移等于各级相移之和。

如果组成一个两级放大电路的每一级（已考虑它们的相互影响）的幅频特性均相同，则该两级放大电路的幅频特性如图6-9所示。可见，$f_{\mathrm{L}} > f_{\mathrm{L1}}$，$f_{\mathrm{H}} < f_{\mathrm{H1}}$，频带变窄。

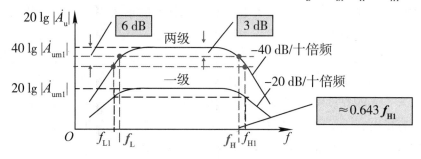

图6-9　两级放大电路的幅频特性

6.3.1　多级放大器上限角频率与各级上限角频率的关系

多级放大器总的上限角频率与各级上限角频率的近似关系式为

$$\omega_{\mathrm{H}} \approx \cfrac{1}{\sqrt{\dfrac{1}{\omega_{\mathrm{H1}}^{2}} + \dfrac{1}{\omega_{\mathrm{H2}}^{2}} + \cdots + \dfrac{1}{\omega_{\mathrm{H}n}^{2}}}} \qquad （6\text{-}28）$$

6.3.2　多级放大器下限角频率与各级下限角频率的关系

对于多级阻容耦合放大器，总的下限角频率与各级下限角频率的关系式为

$$\omega_{\mathrm{L}} \approx \sqrt{\omega_{\mathrm{L1}}^{2} + \omega_{\mathrm{L2}}^{2} + \cdots + \omega_{\mathrm{L}_n}^{2}} \qquad （6\text{-}29）$$

综上所述，可知：

（1）多级放大器总的上限频率f_{H}比其中任何一级的上限频率$f_{\mathrm{H}k}$都要低，而下限频率f_{L}比其中任何一级的下限频率$f_{\mathrm{L}k}$都要高。

（2）多级放大器总的放大倍数增大了，但总的通频带（$\mathrm{BW} = f_{\mathrm{H}} - f_{\mathrm{L}}$）变窄了。在设计多级放大器时，必须保证每一级的通频带都比总的通频带宽。

（3）如果各级通频带不同，则总的上限频率基本上取决于最低的一级，所以要增大总的上限频率f_{H}，应注意提高上限频率最低的那一级$f_{\mathrm{H}i}$，因为它对f_{H}起主导作用。

本章小结

（1）频率响应概述。在放大电路中，由于电抗性元件（耦合电容和旁路电容）及三极管极间电容等的存在，当输入信号频率过低和过高时，不但放大倍数会变小，而且将产生超前或滞后相移。这说明放大倍数是信号频率的函数，这种函数关系称为放大电路的频率响应。

（2）放大电路的频率响应。放大电路对不同频率的信号具有不同的放大能力，可用频率响应来表示这种特性。描述频率响应的三个指标是中频电压增益、上限频率和下限频率，它们都是放大电路的质量指标。利用放大电路的混合 π 型等效电路，将阻容耦合单管共射放大电路简化为三个频段：在中频区，可将各种电容的作用忽略；在低频区，主要考虑大容量电容 C_1、C_2 的作用，而忽略三极管极间电容的影响；在高频区，忽略大容量电容 C_1、C_2 的作用，主要考虑三极管极间电容的作用。画出放大电路三个分频段等效电路，分别分析本频段的频率响应，最后将三段的结果组合起来就得到阻容耦合单管放大电路电压放大倍数的全频域响应。

对于阻容耦合单管共射放大电路，低频段电压放大倍数下降的主要原因是输入信号在耦合电容上产生压降，同时将产生 $0° \sim 90°$ 之间超前的附加相移；高频段电压放大倍数的下降主要是由三极管的极间电容引起的，同时产生 $-90° \sim 0°$ 之间滞后的附加相移。因此，下限频率 f_L 和上限频率 f_H 的数值分别与耦合电容、旁路电容和三极管极间电容相关。

思考与练习

（1）什么是放大电路的频率响应？

（2）已知晶体管的参数 $\beta_0 = 79$、$f_T = 500\,\mathrm{MHz}$，试求该管的 f_α 和 f_β。若 $r_e = 5\,\Omega$，设 $C_{b'e}$ 可忽略，试问 $C_{b'c}$ 等于多少？

（3）已知某晶体管单级放大电路的波特图如下页图所示，求电路的下限频率 f_L 和上限频率 f_H。写出 A_u 的表达式，试推断电路可能是哪种组态。

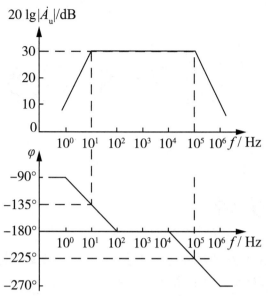

（4）已知某放大电路的波特图如下图所示，该电路是几级放大电路？求电路的中频电压增益 $|20\lg A_u|$、A_{um}、电路的下限频率 f_L 和上限频率 f_H。

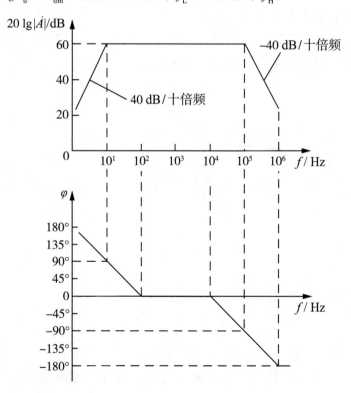

第7章 信号处理电路与波形发生电路

7.1 基本运算电路

在集成运放的基础上外接电阻、电容等元件即可构成基本运算电路，常见的由集成运放构成的基本运算电路有以下几种。

7.1.1 比例运算电路

1.反相比例运算电路

如图 7-1 所示为反相比例运算电路，输入信号从集成运放的反相输入端接入，反馈电阻 R_f 将输出电压反馈到反相输入端，构成电压并联负反馈。

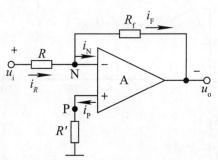

图 7-1 反相比例运算电路

利用"虚断"和"虚短"得

$$u_o = -i_F R_f = -\frac{R_f}{R} \cdot u_i \qquad (7-1)$$

式（7-1）表明，输出电压与输入电压成比例关系，且相位相反。

图 7-1 中，$R'=R//R_f$，称为平衡电阻，作用是消除输入偏置电流对输出电压及温漂的影响。

当出现 $R=R_f$ 时，由式（7-1）可知，此时 $u_o = -u_i$，即输入电压与输出电压大小相等、相位相反，此时的电路称为反相器。

2. 同相比例运算电路

如图 7-2 所示为同相比例运算电路，输入信号从集成运放的同相输入端接入，反馈电阻 R_f 接到反相端，构成电压串联负反馈。

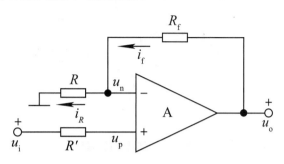

图 7-2 同相比例运算电路

利用"虚断"和"虚短"可得

$$
\begin{cases}
u_n = u_p = u_i \\
u_o = \left(1 + \dfrac{R_f}{R}\right) \cdot u_n \\
u_p = \left(1 + \dfrac{R_f}{R}\right) \cdot u_i
\end{cases}
\tag{7-2}
$$

式（7-2）中，当 $R_f \to 0$ 时，可得 $u_o = u_n = u_p = u_i$，即输入、输出电压大小相等、相位相同，此时的电路称为电压跟随器，也就是输出电压跟随输入电压的变化而变化。此时的电路可简化为如图 7-3 所示的电路。

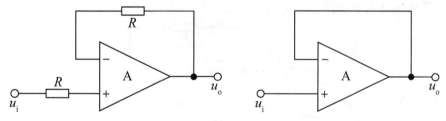

图 7-3 电压跟随器

7.1.2 加减法运算电路

1. 反相加法运算电路

如图 7-4 所示，有一组输入信号同时加在反相端，根据线性叠加定理构成反相加法运算电路。

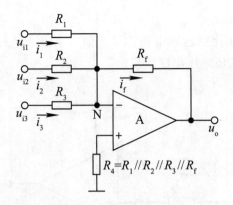

图 7-4　加法运算电路

利用"虚断""虚短"和 KCL 可得：

$$\begin{cases} u_N = u_P = 0 \\ i_f = i_{R1} + i_{R2} + i_{R3} = \dfrac{u_{i1}}{R_1} + \dfrac{u_{i2}}{R_2} + \dfrac{u_{i3}}{R_3} \\ u_o = -i_F R_f = -R_f \left(\dfrac{u_{i1}}{R_1} + \dfrac{u_{i2}}{R_2} + \dfrac{u_{i3}}{R_3} \right) \end{cases} \qquad (7-3)$$

式（7-3）说明，输出电压是输入电压信号的叠加和，负号说明输入信号与输出信号相位相反，从而实现了加法运算。

式（7-3）中，当 $R_f = R_1 = R_2 = \cdots = R_n$ 时，可实现各输入信号的相加。

2. 同相加法运算电路

同相加法运算电路如图 7-5 所示。

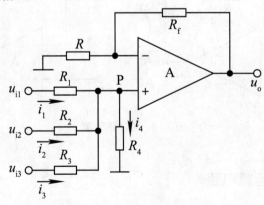

图 7-5　同相加法运算电路

利用叠加定理可得

$$u_{o1} = \left(1 + \frac{R_f}{R} \right) \cdot \frac{R_2 /\!/ R_3 /\!/ R_4}{R_1 + R_2 /\!/ R_3 /\!/ R_4} \cdot u_{i1} \qquad (7-4)$$

3. 减法运算电路

如图 7-6 所示为典型的减法运算电路，有两个输入信号，一个加在反相端，另一个加在同相端，构成减法运算电路。

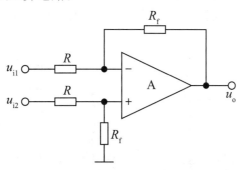

图 7-6 减法运算电路

7.1.3 微积分运算电路

1. 积分运算电路

积分运算电路如图 7-7 所示，其可实现延时、移相和波形变换，将矩形波变成三角波进行输出。积分运算电路在自动控制系统中用以延缓过渡过程的冲击，使其控制的电动机外加电压缓慢上升，避免机械转矩猛增，造成传动机构的损坏。积分运算电路还常用作显示器的扫描电路、A/D 转换和数学模拟运算等。

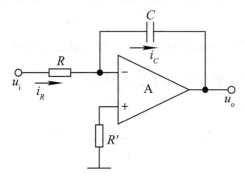

图 7-7 积分运算电路

利用"虚短""虚断"可得

$$\begin{cases} i_C = i_R = \dfrac{u_i}{R} \\ u_o = -\dfrac{1}{RC}\int u_i = -\dfrac{1}{RC}\int_{t_1}^{t_2} u_i + u_o(t_1) \end{cases} \tag{7-5}$$

上式说明积分运算电路的输出电压为输入电压对时间的积分，且相位相反。

2. 微分运算电路

将积分运算电路中的元件 R 和 C 互换位置，可得到微分运算电路，如图 7-8 所示。微分电路可将矩形波变成尖脉冲输出。微分电路在自控系统中可用作加速环节。例如，电动机出现短路故障时，迅速降低其供电电压，起加速保护作用。

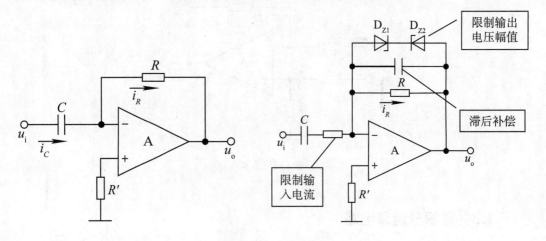

图 7-8　微分运算电路

利用"虚短"和"虚断"可得

$$\begin{cases} i_R = i_C = C\dfrac{\mathrm{d}u_i}{\mathrm{d}t} \\ u_o = -i_R R = -RC\dfrac{\mathrm{d}u_i}{\mathrm{d}t} \end{cases} \tag{7-6}$$

上式说明输出电压为输入电压对时间的积分，且相位相反。

7.1.4　对数与反对数（指数）运算电路

1. 基本对数运算电路

如图 7-9 所示为基本对数运算电路，它用三极管代替反相比例运算电路中的反馈电阻 R_f。

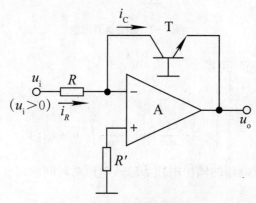

图 7-9　基本对数运算电路

根据理想运放的"虚短"和"虚断"可得

$$\begin{cases} i_C = i_R = \dfrac{u_i}{R} \\[3mm] u_o \approx -U_T \ln \dfrac{u_i}{R I_s} \end{cases} \qquad (7-7)$$

实用电路中常常采取措施消除 I_s 对运算关系的影响及加入温度补偿电路抑制 U_T。

2. 基本指数运算电路

如图 7-10 所示，只需将基本对数运算电路中的三极管和电阻的位置互换即可得到基本指数运算电路。

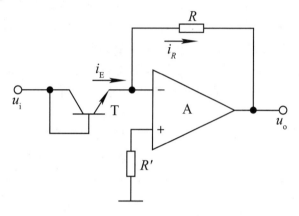

图 7-10　基本指数运算电路

根据理想运放的"虚短"和"虚断"可得

$$\begin{cases} I_s e^{u_{BE}/U_T} = I_s e^{(u_i - u_N)/U_T} = \dfrac{u_N - u_o}{R_1} \\[2mm] u_p = 0 \\[2mm] u_p = u_N \end{cases}$$

求解上述方程可得

$$u_o = -R_1 I_s e^{u_i/U_T} \text{ 或 } u_o = -R_1 I_s \ln^{-1} \dfrac{u_i}{U_T} \qquad (7-8)$$

在实际应用中，由于运算精度受温度影响较大，常常采取措施消除 I_s 对运算关系的影响，并且加入温度补偿电路抑制 U_T。

7.2 信号处理电路

7.2.1 滤波器的分类

　　根据工作信号的频率范围，滤波器主要分为四大类，即低通滤波器、高通滤波器、带通滤波器和带阻滤波器。

　　低通滤波器是指低频信号能够通过而高频信号不能通过的滤波器；高通滤波器则与低通滤波器相反，即高频信号能通过而低频信号不能通过；带通滤波器是指频率在某一个频带范围内的信号能通过，而在此频带范围之外的信号均不能通过；带阻滤波器的性能与带通滤波器相反，即某个频带范围内的信号被阻断，但允许在此频带范围之外的信号通过。上述各种滤波器的理想特性如图 7-11 所示。

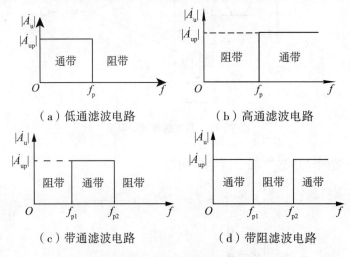

图 7-11　滤波电路的理想特性

7.2.2 一阶 *RC* 有源低通滤波器

　　在 *RC* 低通电路的后面加一个集成运放，即可组成一阶低通有源滤波器，如图 7-12（a）所示。

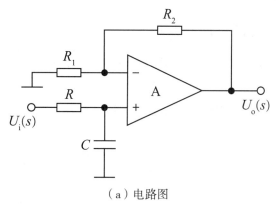

（a）电路图

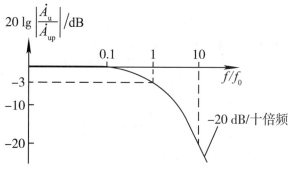

（b）对数幅频特性

图 7-12　一阶 RC 有源低通滤波器

由于引入了深度的负反馈，因此电路中的集成运放工作在线性区。根据"虚短"和"虚断"的特点，可求得电路的电压放大倍数为

$$\begin{cases} \dot{A}_{\mathrm{up}} = 1 + \dfrac{R_2}{R_1} \\[3mm] \dot{A}_{\mathrm{u}} = \dfrac{\dot{A}_{\mathrm{up}}}{1 + \mathrm{j}\dfrac{f}{f_{\mathrm{p}}}} \quad \left(f_{\mathrm{p}} = \dfrac{1}{2\pi RC} \right) \end{cases} \tag{7-9}$$

$$A_{\mathrm{u}}(s) = \frac{U_{\mathrm{o}}(s)}{U_{\mathrm{i}}(s)} = \left(1 + \frac{R_2}{R_1} \right) \cdot \frac{1}{1 + sRC} \tag{7-10}$$

通过与无源低通滤波器对比可以知道，一阶低通有源滤波器的通带截止频率 f_0 与无源低通滤波器相同，均与 RC 的乘积成反比。但引入集成运放后，通带电压放大倍数和带负载能力会得到提高。

由图 7-12（b）可见，一阶低通滤波器的幅频特性与理想的低通滤波特性相比，差距很大。在理想情况下，当 $f > f_0$ 时，电压放大倍数立即降为 0，但一阶低通滤波器的对数幅频特性只是以 -20 dB/ 十倍频的缓慢速度下降。为了使过渡带变窄，需采用多阶滤波器，即增加 RC 环节。

7.2.3 二阶RC有源低通滤波器

在如图7-13（a）所示的二阶低通滤波器中，输入电压$\dot{U}_i$经过两级RC低通电路以后，再接到集成运放的同相输入端。因此，在高频段，对数幅频特性将以40 dB/十倍频的速度下降，与一阶低通滤波器相比下降的速度提高一倍，这使其滤波特性比较接近于理想情况。

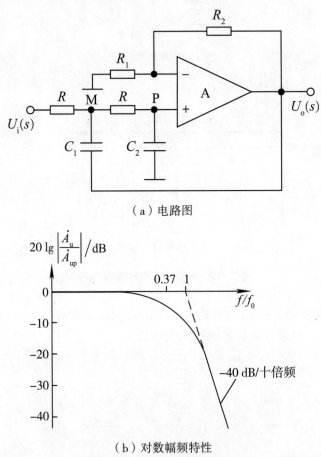

（a）电路图

（b）对数幅频特性

图7-13 二阶RC有源低通滤波器

在一般的二阶低通滤波器中，可以将两个电容的下端都接地。但是，在图7-13（a）中，第一级RC电路的电容不接地而改接到输出端，这种接法相当于在二阶有源滤波电路中引入了一个反馈。其目的是使输出电压在高频段迅速下降，但在接近于通带截止频率f_0的范围内又不要下降太多，从而有利于改善滤波特性。

当$f=f_0$时，每级RC低通电路的相位移都为$-45°$，故两级RC电路的总相位移为$-90°$，因此在频率接近于f_0但又低于f_0的范围内，$\dot{U}_L$与$\dot{U}_i$之间的相位移小于$90°$。此时通过电容C引回到同相输入端的反馈基本上属于正反馈，此反馈将使电压放

·132·

大倍数增大，因此在接近于f_0的频段，幅频特性将得到补偿而不会下降很快。当$f \gg f_0$时，每级RC电路的相位移都接近于$-90°$，故两级RC电路的总相位移趋近于$-180°$，但是由于$f \gg f_0$时$|\dot{A}\dot{F}|$的值已很小，反馈的作用很弱。因此，此时的幅频特性与无源二阶低通电路基本一致，仍为-40 dB/ 十倍频。由此可见，引入这样的反馈将改善滤波电路的幅频特性，得到更佳的滤波效果。

$$\dot{A}_u = \frac{\dot{U}_L}{\dot{U}_i} = \frac{A_{up}}{1 + (3 - A_{up})\mathrm{j}\omega RC + (\mathrm{j}\omega RC)^2} = \frac{A_{up}}{1 - \left(\dfrac{f}{f_0}\right)^2 + \mathrm{j}\dfrac{1}{Q} \cdot \dfrac{f}{f_0}} \qquad (7-11)$$

式中

$$A_{up} = 1 + \frac{R_j}{R_1} \qquad (7-12)$$

$$f_0 = \frac{1}{2\pi RC} \qquad (7-13)$$

$$Q = \frac{1}{3 - A_{up}} \qquad (7-14)$$

由上述内容可知，二阶低通滤波电路的通带电压放大倍数A_{up}和通带截止频率f_0与一阶低通滤波电路相同。Q值不同时，二阶低通滤波电路的对数幅频特性如图 7-14 所示。

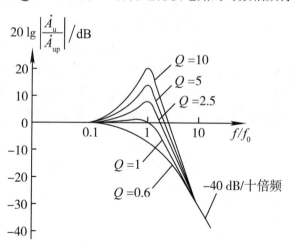

图 7-14　不同Q值的幅频特性

由图 7-14 可见，Q值越大，$f=f_0$时的$|\dot{A}_u|$值越大。Q的含义类似于谐振回路的品质因数，故有时称之为等效品质因数，而将$\dfrac{1}{Q}$称为阻尼系数。由式（7-11）可知，若$Q =1$，且$f=f_0$，则$|\dot{A}_u| = A_{up}$。由图 7-14 看出，当$Q =1$时，既可保持通频带的增益，

高频段幅频特性又能很快衰减，同时避免了在 $f=f_0$ 处幅频特性产生一个较大的凸峰，因此滤波效果较好。

由式（7-11）可知，当 $A_{up}=3$ 时，Q 将趋于无穷大，表示电路将产生自激振荡。为了避免发生此种情况，根据 A_{up} 的表达式可知，选择电路元件参数时应使 $R_f<2R_1$。

一阶与二阶低通滤波器的对数幅频特性比较，后者比前者更接近于理想特性。

要想进一步改善滤波特性，可将若干个二阶滤波电路串接起来，构成更高阶的滤波电路。

7.3 正弦波振荡电路

振荡电路是自动地将直流电能转换为具有一定波形参数的交流振荡信号的电路，是一种能量转换电路。该种电路不需要外加输入信号进行激励，其输出信号的频率、幅值和波形仅由电路本身的参数来决定。

7.3.1 正弦波振荡的产生条件

在正弦波振荡电路中，一般引入正反馈，且电路的振荡频率可控。由于电路无外加信号，因此反馈信号必须能够取代输入信号，电路要引入正反馈；由于电路产生信号的频率要可以调节，因此必须外加选频网络，从而确定振荡频率。

图 7-15 给出了正弦波振荡电路的方框图。由于电路没有外加信号，因此放大电路的净输入量等于反馈量。在电扰动存在的情况下（如合闸通电），电路将产生一个幅值很小的输出量，它含有丰富的频率成分。如果反馈网络对某一特定频率 f_0 的正弦波产生正反馈，则输出信号的变化可描述为 $X_o \uparrow \to X_f(X_i') \uparrow \to X_o \uparrow\uparrow$。

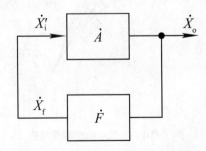

图 7-15 正弦波振荡电路的方框图

由于晶体管的非线性特性，当 X_o 的幅值增大到一定程度时，放大倍数的数值将减小，不会无限制地增大，进而使电路达到动态平衡，如图 7-16 所示。此时，输出量通过反馈网络产生反馈量作为放大电路的输入量，而输入量又通过放大电路维持着输出量，写成表达式为

$$\dot{X}_o = \dot{A}\dot{X}_i = \dot{A}\dot{F}\dot{X}_o \tag{7-15}$$

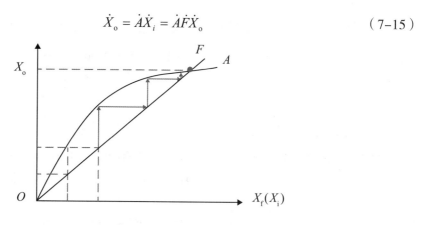

图 7-16　振荡电路的起振过程

因此，正弦波振荡电路的平衡条件为

$$\dot{A}\dot{F} = 1 \tag{7-16}$$

将上式写为模和相角的形式

$$\begin{cases} |\dot{A}\dot{F}| = 1 & \text{幅值平衡条件} \\ \varphi_A + \varphi_F = 2n\pi(n\ \text{为整数}) & \text{相位平衡条件} \end{cases} \tag{7-17}$$

为了使输出量在合闸后能有一个从小到大最终稳幅的过程，电路的起振条件为

$$|\dot{A}\dot{F}| > 1 \tag{7-18}$$

由于电路的反馈网络只对频率为 f_0 的正弦波产生正反馈过程，而使频率为 f_0 以外的输出量均逐渐衰减为零，因此最终输出量为 $f=f_0$ 的正弦波。

7.3.2　RC 正弦波振荡电路

1. RC 串并联网络

将电阻 R、电容 C 串联，再将另一组电阻 R、电容 C 并联，最后将两者串联即可构成 RC 串并联选频网络，如图 7-17（a）所示。由于 RC 串并联网络在正弦波振荡电路中既是选频网络，也是正反馈网络，因此可令输入电压为 $\dot{U}_o$，输出电压为 $\dot{U}_f$。

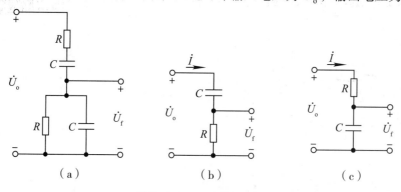

图 7-17　RC 串并联网络

当信号的频率足够低的时候，电容的容抗 $\dfrac{1}{\omega C} \gg R$，因此在 RC 的串联部分可忽略电阻 R 的作用，在 RC 的并联部分可忽略电容 C 的影响，则图 7-17（a）所示电路的低频等效电路如图 7-17（b）所示。当信号频率 f 趋于 0 时，$\dot{U}_{\mathrm{f}}$ 的相位超前 $\dot{U}_{\mathrm{o}}$ 90°，且 $\left|\dot{U}_{\mathrm{f}}\right|$ 趋于 0。

当信号的频率足够高的时候，电容的容抗 $\dfrac{1}{\omega C} \ll R$，因此在 RC 串联部分可忽略电容 C 的作用，在 RC 的并联部分可忽略电阻 R 的影响，则图 7-17（a）所示电路的低频等效电路如图 7-17（c）所示。当信号频率 f 趋于 ∞ 时，$\dot{U}_{\mathrm{f}}$ 的相位滞后 $\dot{U}_{\mathrm{o}}$ 90°，且 $\left|\dot{U}_{\mathrm{f}}\right|$ 趋于 0。

因此，当信号频率从 0 变化到 ∞ 时，$\dot{U}_{\mathrm{f}}$ 的相位将从 +90° 变化到 –90°。则必定存在一个频率 f_0，当信号的频率 $f = f_0$ 时，$\dot{U}_{\mathrm{f}}$ 与 $\dot{U}_{\mathrm{o}}$ 同相。

图 7-17（a）所示电路的频率特性为

$$\dot{F} = \frac{\dot{U}_{\mathrm{f}}}{\dot{U}_{\mathrm{o}}} = \frac{R // \dfrac{1}{\mathrm{j}\omega C}}{R + \dfrac{1}{\mathrm{j}\omega C} + R // \dfrac{1}{\mathrm{j}\omega C}} = \frac{1}{3 + \mathrm{j}\left(\omega RC - \dfrac{1}{\omega RC}\right)} = \frac{1}{3 + \mathrm{j}\left(\dfrac{f}{f_0} - \dfrac{f_0}{f}\right)} \qquad (7\text{-}19)$$

其中，$f_0 = \dfrac{1}{2\pi RC}$，因此可求得 RC 串并联网络的幅频特性为

$$|\dot{F}| = \frac{1}{\sqrt{3^2 + \left(\dfrac{f}{f_0} - \dfrac{f_0}{f}\right)^2}} \qquad (7\text{-}20)$$

相频特性为

$$\varphi_{\mathrm{F}} = -\arctan\frac{1}{3}\left(\frac{f}{f_0} - \frac{f_0}{f}\right) \qquad (7\text{-}21)$$

其频率特性如图 7-18 所示。当 $f = f_0$ 时，反馈系数的模取最大值 $|\dot{F}| = \dfrac{1}{3}$，此时 $\varphi_{\mathrm{F}} = 0$，满足正弦波振荡电路的相位平衡条件。

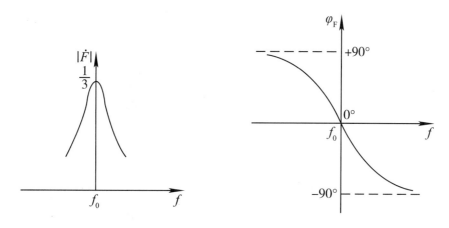

图 7-18　RC 串并联网络的频率特性

根据正弦波振荡电路的幅值条件式（7-17）可知，要想让电路在 $f = f_0$ 时产生稳定的正弦波振荡，必须满足 $|\dot{A}| = \dfrac{1}{3}$；根据起振条件式（7-18）可知，所选放大电路的电压放大倍数应该略大于 3。从理论上说，任何放大倍数满足要求的放大电路与 RC 串并联网络都可组成正弦波振荡电路。实际正弦波振荡电路中的放大电路部分，其输入电阻一般要尽可能大，而其输出电阻应尽可能小，以减小放大电路对选频特性的影响，使振荡频率仅由选频网络决定。因此，应为 RC 串并联网络配一个电压放大倍数略大于 3、输入电阻趋于无穷大且输出电阻趋于 0 的放大电路；放大电路部分一般选用引入电压串联负反馈的放大电路。

2. RC 桥式正弦波振荡电路

由 RC 串并联网络和同相比例运算电路组成的 RC 桥式正弦波振荡电路如图 7-19（a）所示。图中负反馈网络的电阻 R_1 和 R_f、正反馈网络串联的 R 和 C、并联的 R 和 C 各为一臂，构成桥路，因此其称为桥式正弦波振荡电路。集成运放的输出端和"地"接桥路的两个顶点作为电路的输出；集成运放的同相输入端和反相输入端接另外两个顶点。反馈网络组成的桥路如图 7-19（b）所示。

由于集成运放的输入信号为 $\dot{U}_p$，因此 RC 桥式正弦波振荡电路的放大电路部分为同相比例运算电路，其比例系数即为电压放大倍数。根据起振条件和幅值平衡条件，有

$$\dot{A}_u = \frac{\dot{U}_o}{\dot{U}_p} = 1 + \frac{R_f}{R_1} \tag{7-22}$$

因此，R_f 的取值要略大于 $2R_1$。因为同相比例运算电路有非常好的线性度，故 R 或 R_f 可用热敏电阻或加二极管作为非线性环节，如图 7-19（c）所示。

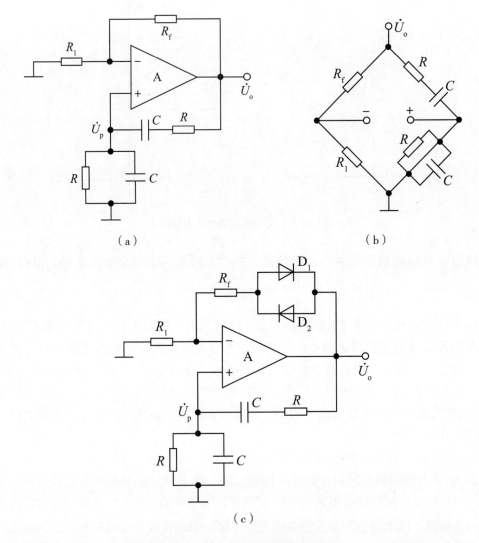

（a）　　　　　　　　　　　　　　　（b）

（c）

图 7-19　RC 桥式正弦波振荡电路

　　为了使振荡频率可调，常在 RC 串并联网络中用双层波段开关连接不同的电容，对振荡频率进行粗调；用同轴电位器实现对振荡频率的微调。振荡频率的调节范围可从几赫兹到几百几千赫兹。

　　该电路的特点：振荡频率稳定，带负载能力强，输出电压失真小。

　　为了提高 RC 桥式正弦波振荡电路的振荡频率，必须减小 R 和 C 的数值。但是，当 R 减小到一定程度时，同相比例运算电路的输出电压将影响选频特性；当 C 减小到一定程度时，晶体管的极间电容和电路的分布电容也将影响选频特性。因此，振荡频率高到一定程度后，其值不仅决定于选频网络，也与放大电路的参数有关，还受环境的影响。当振荡频率较高时，应选用 LC 正弦波振荡电路。

7.3.3　LC 正弦波振荡电路

1. LC 并联谐振网络的选频特性及选频放大电路

图 7-20 给出了 LC 并联谐振网络的电路，其中电阻 R 为谐振网络的损耗等效电阻。在信号频率较低时，电容的容抗很大，网络呈感性；在信号频率较高时，电感的感抗很大，网络呈容性；只有当 $f = f_0$ 时，网络才呈纯阻性，且阻抗无穷大。这时电路产生电流谐振，电容的电场能转换成磁场能，电感的磁场能又转换成电场能，两种能量相互转换。

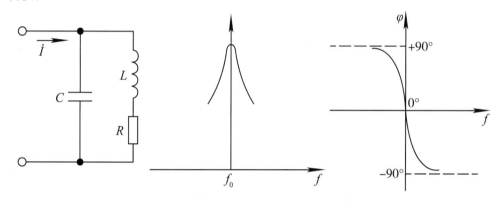

图 7-20　LC 并联谐振网络及其频率特性

LC 并联谐振网络的导纳为

$$\dot{Y} = \mathrm{j}\omega C + \frac{1}{1 + \mathrm{j}\omega L} = \frac{R}{R^2 + (\omega L)^2} + \mathrm{j}\left[\omega C - \frac{\omega L}{R^2 + (\omega L)^2}\right] \qquad (7\text{-}23)$$

当电路发生谐振时，上式的虚部为零，则可求出谐振时的角频率为

$$\omega_0 = \frac{1}{\sqrt{1 + \left(\dfrac{R}{\omega_0 L}\right)}} \cdot \frac{1}{\sqrt{LC}} = \frac{1}{\sqrt{1 + \dfrac{1}{Q^2}} \cdot \sqrt{LC}} \qquad (7\text{-}24)$$

上式中，$Q = \dfrac{\omega_0 L}{R}$，为谐振回路的品质因数，是表示回路损耗大小的指标。一般 LC 谐振回路的 Q 值为几十至几百，满足 $Q \gg 1$，所以 $\omega_0 \approx \dfrac{1}{\sqrt{LC}}$。因此，电路的谐振频率为

$$f_0 \approx \frac{1}{2\pi\sqrt{LC}} \qquad (7\text{-}25)$$

将 $\omega_0 \approx \dfrac{1}{\sqrt{LC}}$ 代入品质因数的表达式，可得

$$Q \approx \frac{1}{R}\sqrt{\frac{L}{C}} \tag{7-26}$$

式（7-26）表明，选频网络的损耗越小，谐振频率相同时的电容容量越小、电感数值越大，则电路的品质因数越大，选频特性越好。

谐振时的阻抗为

$$Z_0 = \frac{1}{Y_0} = \frac{R^2 + (\omega_0 L)^2}{R} = R + Q^2 R = (1 + Q^2)R \tag{7-27}$$

当 $Q \gg 1$ 时，$Z_0 \approx Q^2 R$，即

$$Z_0 = \frac{L}{RC} \tag{7-28}$$

若将 LC 并联谐振网络作为共射放大电路的集电极负载，如图 7-21 所示，则该电路的电压放大倍数为

$$\dot{A}_u = -\beta \frac{Z}{r_{be}} \tag{7-29}$$

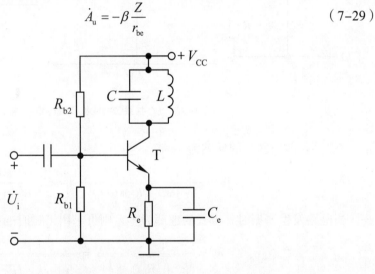

图 7-21　选频放大电路

根据 LC 并联谐振网络的频率特性可知，当 $f = f_0$ 时，谐振网络的阻抗取最大值，因而电路的电压放大倍数最大，且无附加相移。对于其他频率的信号，电压放大倍数的数值减小，且有附加相移。因而电路具有选频特性，称为选频放大电路。

若在电路中引入正反馈，用反馈电压取代输入电压，则可构成正弦波振荡电路。根据引入反馈的方式不同，LC 正弦波振荡电路分为变压器反馈式、电感反馈式和电容反馈式三种；其放大电路可分为共射电路、共基电路等，视振荡频率而定。

2. 变压器反馈式正弦波振荡电路

如图 7-22 所示为在选频放大电路中通过变压器引入正反馈的电路图。

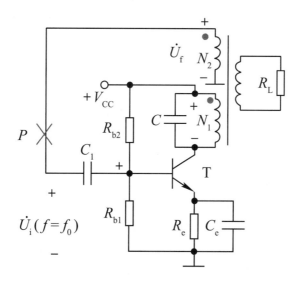

图 7-22　变压器反馈式正弦波振荡电路

为使反馈电压与输入电压同相，变压器的同名端如图 7-22 中灰点所标注。用反馈信号 u_f 来取代输入信号 u_i，即可构成变压器反馈式振荡电路。在该电路中，电容 C_1 必不可少。若无 C_1，则在静态时晶体管的基极直接接地，放大电路因为没有合适的静态工作点而不能正常工作，电路不可能产生正弦波振荡输出。

判断该电路能否产生正弦波振荡，如满足以下条件，则有可能产生正弦波振荡。

（1）电路存在放大电路（共射放大电路）、选频网络（LC 并联谐振网络）、正反馈网络（线圈 N_2）、非线性环节（晶体管的非线性特性）。

（2）放大电路为典型的静态工作点稳定电路，可以设置合适的静态工作点；交流信号在传递的过程中无开路或短路的现象出现，信号可以被正常放大。

（3）断开 P 点，在断开处加上瞬时极性为上正下负、频率为 $f = f_0$ 的信号 u_i，变压器线圈 N_1、N_2 上信号的瞬时极性如图 7-22 中所标注，使电路满足相位平衡条件，可能产生正弦波振荡。

（4）放大电路的输入电阻同时是放大电路负载的一部分，合理地选择变压器原、副线圈的匝数比及电路其他参数，可以满足幅值条件。

综上所述，图 7-22 所示电路满足产生正弦波振荡的所有条件，因此通电后可能产生正弦波振荡。

LC 正弦波振荡电路也是靠电路中的扰动电而起振的。电源接通的瞬间，集电极电流会产生一个微小扰动，即可在变压器原线圈中形成相应的微小电压。只要电路满足起振条件 $AF > 1$，经过变压器副线圈的耦合，即可将 LC 并联谐振回路选频出来的电压（$f = f_0$）反馈至放大器输入端，在基极回路中产生基极电流，再经过晶体管放大后送至集电极输出。经过多次反馈放大后，就能使频率为 f_0 的信号电压逐步增大。同时，由于信号的幅值越来越大，晶体管工作在非线性区，电压放大倍数下降，$AF = 1$ 的幅值平衡条件得到满足，从而可实现电路的稳幅振荡。*LC* 并联网络良好的选频作用使振荡器的输出电压波形失真很小。

LC 并联回路的谐振频率为

$$f_0 = \frac{1}{2\pi\sqrt{L_1 C}}$$ （7-30）

式中，L_1 即为线圈 N_1 对应的电感。

变压器反馈式振荡电路容易产生振荡，波形较好，应用范围广泛，但输出电压与反馈电压靠磁路耦合，耦合不紧密，损耗较大，且振荡频率的稳定性不高。

3. 电感反馈式正弦波振荡电路

为了克服变压器反馈式振荡电路中变压器原边线圈和副边线圈耦合不紧密的缺点，可将 N_1 和 N_2 合并为一个线圈，把图 7-22 所示电路中线圈 N_1 接电源的一端和 N_2 接地的一端相连，作为中间抽头；为了加强谐振效果，将电容 C 跨接在整个线圈两端，如 7-23 所示。在该电路中，电容 C_1 必不可少。若无 C_1，则在静态时晶体管的基极直接连接电源 $+ U_{CC}$ 和集电极，放大电路因为没有合适的静态工作点而不能正常工作，电路不可能产生正弦波振荡输出。

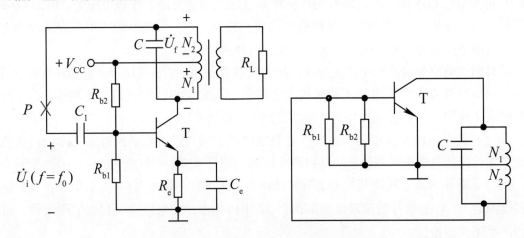

图 7-23　电感反馈式正弦波振荡电路

电路能否产生正弦波振荡：（满足以下条件，则可能产生正弦波振荡）

（1）电路包含了放大电路、选频网络、反馈网络和非线性元件（晶体管）四个组成部分。

（2）放大电路可以正常工作。

（3）在 P 点断开反馈，在断开处加上瞬时极性为上正下负、频率为 $f = f_0$ 的信号 u_i，变压器线圈 N_1、N_2 上信号的瞬时极性如图 7-23 中所标注，使电路满足相位平衡条件，可能产生正弦波振荡。

（4）只要电路参数选择正确，使电路可以满足幅值条件，就可能产生正弦波振荡。

综上所述，图 7-23 所示电路满足产生正弦波振荡的所有条件，因此通电后能产生正弦波振荡。

设 N_1 的电感量为 L_1，N_2 的电感量为 L_2，N_1 与 N_2 之间的互感为 M，且电路的品质因数远大于 1，则电路的振荡频率为

$$f_0 \approx \frac{1}{2\pi\sqrt{(L_1 + L_2 + 2M)C}} \qquad (7-31)$$

该电路中 N_1 与 N_2 之间耦合紧密，易起振，振幅大；若 C 采用可变电容则可获得范围较宽的振荡频率，最高可达几十兆赫。由于反馈电压取自电感，对高频信号具有较大的电抗，因而输出波形中常含有高次谐波，波形较差。因此，电感反馈式振荡电路常用在对波形要求不高的设备中。

4. 电容反馈式（电容三点式）正弦波振荡电路

为了获得较好的输出电压波形，将图 7-23 所示电路中的电容换成电感，电感换成电容，并将两个电容的公共端接地，增加集电极电阻，即可获得电容反馈式振荡电路，如图 7-24 所示。画出该电路的交流通路后可见，两个电容 C_1、C_2 的三个端分别接在晶体管的三个极上，因此该电路也被称为电容三点式振荡电路。在该电路中，电容 C_3 和集电极电阻必不可少。若无 C_3，则在静态时晶体管的基极直接与集电极互连，放大电路因为没有合适的静态工作点而不能正常工作；若无集电极电阻，在交流通路中晶体管的集电极将直接接地，电路无信号输出。

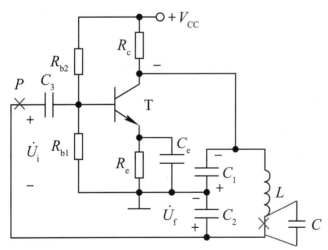

图 7-24　电容反馈式正弦波振荡电路

判断电路能否产生正弦波振荡：（满足以下条件，则可能产生正弦波振荡）

（1）电路包含了放大电路、选频网络、反馈网络和非线性元件（晶体管）四个组成部分。

（2）放大电路可以正常工作。

（3）在 P 点处断开反馈，在断开处加上瞬时极性为上正下负、频率为 $f = f_0$ 的信号 u_i，电容 C_1、C_2 上信号的瞬时极性如图 7-24 中所标注，使电路满足相位平衡条件，可能产生正弦波振荡。

（4）只要电路参数选择正确，使电路可以满足幅值条件，就可能产生正弦波振荡。

综上所述，图 7-24 所示电路满足产生正弦波振荡的所有条件，因此通电后可能产生正弦波振荡。

当由 L、C_1、C_2 构成的选频网络的品质因数远大于 1 时，电路的振荡频率为

$$f_0 \approx \frac{1}{2\pi\sqrt{L\dfrac{C_1 C_2}{C_1 + C_2}}} \tag{7-32}$$

由于电路的反馈电压取自 C_1 两端，对高次谐波阻抗小，因而可将高次谐波滤除，使输出电压波形好。又因 C_1、C_2 可以很小，所以振荡频率可以很高，一般在 100 MHz 以上。若要再提高振荡频率，则 L、C_1、C_2 的取值就更小。当电容减小到一定程度时，晶体管的极间电容将并联在 C_1 和 C_2 上，影响振荡频率。此时可考虑在电感 L 的支路串联一个小电容 C，若满足 $C \ll C_1$，且 $C \ll C_2$，则电路的振荡频率为

$$f_0 \approx \frac{1}{2\pi\sqrt{LC}} \tag{7-33}$$

可见，此类电路的振荡频率与放大电路的参数无关。

这种电路的缺点是频率调节范围较小，若用改变电容的方法来调节振荡频率，则会影响电路的起振条件，容易引起停振；若用改变电感的方法来调节振荡频率，也比较困难。该电路常用在固定振荡频率的场合，如调幅和调频接收机中。

7.3.4　石英晶体正弦波振荡电路

1. 石英晶体的特性和等效电路

石英是以晶体形式存在的二氧化硅，是具有各向异性的单晶。将石英晶体按一定方位切成薄片并抛光后可制成石英晶片，且从不同方位切割出的晶片具有不同的特性。将晶片两个对应的表面抛光和涂敷银层，并作为两个极引出管脚，加以封装，就构成石英晶体谐振器。其结构如图 7-25 所示。

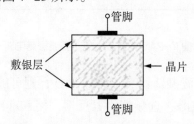

图 7-25　石英晶体谐振器结构示意图

在石英晶体两个管脚加交变电场时，它将会产生一定频率的机械变形；若用外力使石英晶体产生机械振动，它又会产生交变电场，该物理现象称为压电效应。一般情况下，机械振动和交变电场的振幅都非常小。但是，当交变电场的频率为某一特定值时，机械振动的振幅将骤然增大，产生共振，该物理现象称为压电振荡。这一特定频率就是石英晶体的固有频率，也称谐振频率。石英晶体的固有频率只决定于其几何尺寸，故非常稳定。

石英晶体的等效电路及频率特性如图 7-26 所示。

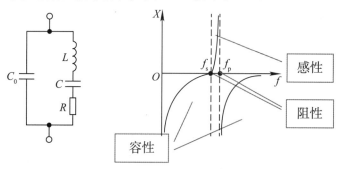

图 7-26　石英晶体等效电路及频率特性

当石英晶体不振动时，可等效为一个平板电容 C_0，称为静态电容。其值仅取决于晶片的几何尺寸与电极面积，为几皮法到几十皮法。

当晶片产生振动时，其机械振动的惯性可等效为电感 L，其值为几毫亨到几十毫亨。晶片的弹性可等效为电容 C，其值仅为 $0.01 \sim 0.1$ pF，$C \ll C_0$。晶片的摩擦损耗可等效为电阻 R，其值约为 $100\ \Omega$，理想情况下为零。

当等效电路中的 L、C、R 支路产生串联谐振时，该支路呈纯阻性，等效电阻为 R，其谐振频率为

$$f_s = \frac{1}{2\pi\sqrt{LC}} \tag{7-34}$$

此时整个网络的电抗等于 R 并联 C_0 的容抗，因为 $R \ll \omega_0 C_0$，可以近似认为石英晶体呈现纯阻性，等效电阻为 R。

当 $f < f_s$ 时，C_0 和 C 的容抗较大，石英晶体呈容性。

当 $f > f_s$ 时，L、C、R 支路呈感性，且与 C_0 发生并联谐振，石英晶体又呈纯阻性，谐振频率为

$$f_p = \frac{1}{2\pi\sqrt{L\dfrac{CC_0}{C+C_0}}} = f_s\sqrt{1+\frac{C}{C_0}} \tag{7-35}$$

一般情况下，由于 $C \ll C_0$，所以 $f_p \approx f_s$。

当 $f > f_p$ 时，电抗主要取决于 C_0，石英晶体呈现容性。$R = 0$ 时石英晶体电抗的频

率特性如图 7-26 所示。只有在 $f_s < f < f_p$ 的时候石英晶体才呈现感性，C 和 C_0 的容量相差越大，f_p 和 f_s 就越接近，石英晶体的感性区的频带就越窄，而石英晶体作为振荡回路的电抗元件时正是利用了这一狭窄的感性区域。

根据品质因数的表达式（7-26）可知，由于 C 和 R 的数值很小，L 的数值很大，因此 Q 值可达 $10^4 \sim 10^6$。由于振荡频率几乎仅取决于晶片的尺寸，因此其稳定度 $\dfrac{\Delta f}{f_0}$ 可达 $10^{-8} \sim 10^{-6}$，甚至可以达到 $10^{-11} \sim 10^{-10}$。而最好的 LC 振荡电路的 Q 值也不过几百，振荡频率的稳定度只能达到 10^{-5}。因此，石英晶体的选频特性在所有选频网络中为最优。

2. 石英晶体正弦波振荡电路

根据晶体在振荡电路中的不同作用，可将石英晶体正弦波振荡电路分为串联型和并联型。当电路工作于石英谐振器的串联谐振频率 f_s 上时，晶体作为一个具有高选择性的短路元件使用，称为串联型石英晶体正弦波振荡电路；当电路工作在略高于 f_s 的呈现感性的频段内时，晶体作为三点式振荡电路中的一个电感元件，使整个振荡电路处于并联谐振状态，故称为并联型石英晶体正弦波振荡电路（如图 7-27 所示）。

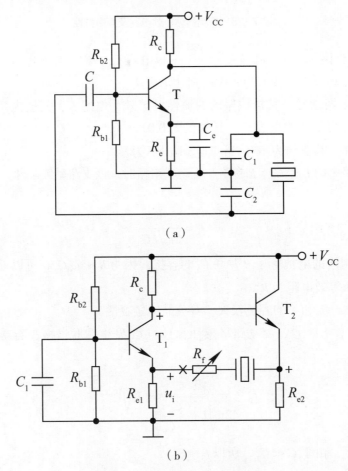

（a）

（b）

图 7-27　石英晶体正弦波振荡电路

如果用石英晶体取代图 7-24 中的电感，即可得到并联型石英晶体正弦波振荡电路，如图 7-27（a）所示。图中的电容 C_1 和 C_2 与石英晶体的 C_0 并联，总容量大于 C_0，且远大于石英晶体中的 C，所以电路的振荡频率约等于石英晶体的并联谐振频率 f_p。

串联型石英晶体振荡电路如图 7-27（b）所示。电容 C_1 为旁路电容，交流信号可视为短路。电路的第一级为共基放大电路，第二级为共集放大电路。若断开反馈并在断开处加上瞬时极性为上正下负、频率为 $f = f_0$ 的信号 u_i，则 T_1 管的集电极动态电位为正，T_2 管的发射极动态电位也为正。因此，只有石英晶体呈纯阻性，即产生串联谐振时，反馈电压才与输入电压同相，电路才满足正弦波振荡的相位平衡条件。所以，电路的振荡频率为石英晶体的串联谐振频率 f_s。调整 R_f 的值，可使电路满足正弦波振荡的幅值平衡条件。

7.4　电压比较器

电压比较器是一种常见的模拟信号处理电路。它将模拟量输入电压与参考电压进行比较，并将比较的结果输出。比较器的输出只有两种可能的状态：高电平和低电平。在自动控制及自动测量系统中，常常将比较器应用于越限报警、模数转换以及各种非正弦波的产生和变换等。

比较器的输入信号是连续变化的模拟量，而输出信号是数字 1 或 0。因此，可以认为比较器是模拟电路与数字电路的"接口"。由于比较器的输出只有高电平和低电平两种状态，所以其中的集成运放常常工作在非线性区。从电路结构来看，运放处于开环状态，有时为了使比较器输出状态的转换更加快速，以提高响应速度，也在电路中引入正反馈。

当输入电压变化到某一个值时，比较器的输出电压由一种状态跃变为另一种状态。此时相应的输入电压通常称为阈值电压或门限电平，用符号 U_T 来表示。

根据比较器的阈值电压和传输特性来分类，常用的比较器有过零比较器、滞回比较器和双限比较器等。

7.4.1　过零比较器

1. 简单的过零比较器

阈值电压等于零的比较器称为过零比较器。处于开环工作状态的集成运放是一种最简单的过零比较器，如图 7-28 所示。

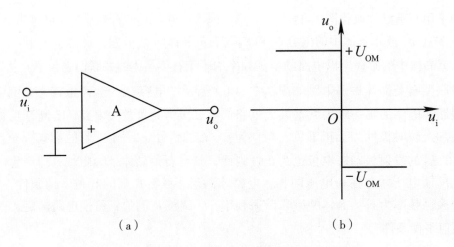

（a）　　　　　　　　　　　　　　（b）

图 7-28　一种简单的过零比较器

图 7-28 中，集成运放工作在非线性区，因此当 $u_i < 0$ 时，$u_o = +U_{OM}$；当 $u_i > 0$ 时，$u_o = -U_{OM}$。其中，U_{OM} 是集成运放的最大输出电压。

图 7-28 中的过零比较器采用反相输入方式，如果需要，也可采用同相输入方式。

这种过零比较器电路简单，但是输出电压幅度较高，有时要求比较器的输出幅度限制在一定的范围，如要求与 TTL 数字电路的逻辑电平兼容，此时则需要加上限幅的措施。

2. 利用稳压管限幅的过零比较器

利用稳压管实现限幅的过零比较器如图 7-29 所示，假设两个背靠背的稳压管中任意一个被反向击穿而另一个稳压管正向导通时，两个稳压管两端总的稳定电压均为 U_Z，而且 $U_{OM} > U_Z$。

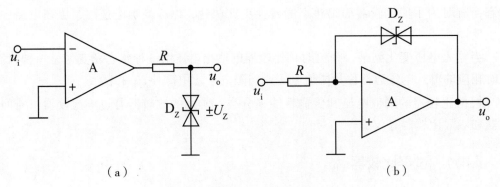

（a）　　　　　　　　　　　　　　（b）

图 7-29　利用稳压管限幅的过零比较器

在图 7-29（a）中，当 $u_i < 0$ 时，两个背靠背的稳压管中的下面一个被反向击穿；在图 7-29（b）中，两个背靠背的稳压管接在集成运放的输出端与反相输入端之间。当 $u_i < 0$ 时，集成运放输出正电压，使左边一个稳压管击穿，于是引入一个深度负反馈，则集成运放的反相输入端"虚地"。

图 7-29（a）、（b）中两个过零比较器的区别在于，前者的集成运放处于开环状态，工作在非线性区；对于后者的集成运放，由于当稳压管反向击穿时引入一个深度负反馈，因此工作在线性区。

7.4.2　滞回比较器

在实际工作中，为了提高比较器的抗干扰能力，要求比较器具有滞回特性，这种比较器称为滞回比较器。如图 7-30 所示为滞回比较器及电压传输特性。

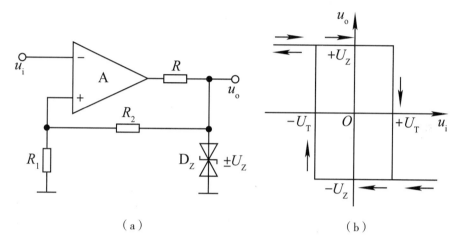

（a）　　　　　　　　　（b）

图 7-30　滞回比较器及其电压传输特性

其阈值电压为

$$\pm U_T = \pm \frac{R_1}{R_1 + R_2} \cdot U_Z \qquad (7-36)$$

7.4.3　双限比较器

在实际工作中，有时需要检测输入模拟信号的电平是否处在两个给定的电平之间，此时要求比较器有两个门限电平，这种比较器称为双限比较器。

双限比较器的一种电路如图 7-31（a）所示，电路中有两个集成运放 A_1 和 A_2，输入电压 u_i 各通过一个电阻 R 分别接到 A_1 的同相输入端和 A_2 的反相输入端；两个参考电压 U_{RH} 和 U_{RL} 分别加在 A_1 的反相输入端和 A_2 的同相输入端；A_1 和 A_2 的输出端各通过一个二极管，然后连接在一起，作为双限比较器的输出端。

如果 $u_i < U_{RL}$，则 A_1 输出低电平、A_2 输出高电平，此时二极管 D_1 截止、D_2 导通，输出电压 u_o 为高电平。

如果 $u_i > U_{RH}$，则 A_1 输出高电平、A_2 输出低电平，于是 D_1 导通、D_2 截止，输出电压 u_o 也是高电平。

只有当 $U_{RL} < u_i < U_{RH}$ 时，集成运放 A_1 和 A_2 均输出低电平，二极管 D_1 和 D_2 均截止，输出电压 u_o 为低电平。双限比较器的传输特性如图 7-31（b）所示。

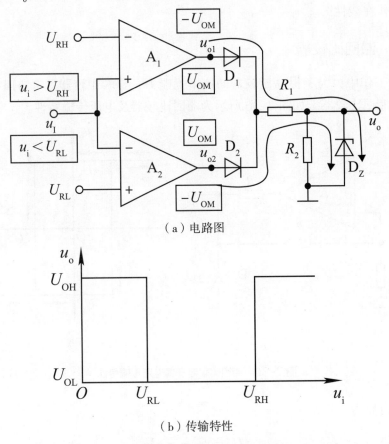

（a）电路图

（b）传输特性

图 7-31　双限比较器

由图 7-31 可见，这种比较器有两个门限电平：上门限电平 U_{TH} 和下门限电平 U_{TL}。在本电路中，$U_{TH} = U_{RH}$，$U_{TL} = U_{RL}$。由于双限比较器的传输特性形状像一个窗口，所以其又被称为窗口比较器。

本章小结

（1）基本运算电路。集成运放引入负反馈后，可以实现模拟信号的比例、加减、积分、微分等各种基本运算。通常，分析运算电路输出电压和输入电压的运算关系时认为集成运放是理想运放。

（2）信号处理电路。有源滤波电路一般由集成运放与 RC 网络组成，主要用于对小信号的处理，按其幅频特性可分为高通、低通、带通和带阻四种。

（3）正弦波振荡电路。正弦波振荡电路由放大电路、选频网络、正反馈网络和稳幅环节四部分组成。

（4）电压比较器。电压比较器能够将模拟信号转换为二值信号，即输出要么是高电平，要么是低电平。电压比较器是非正弦波发生电路的重要组成部分。电压比较器通常用电压传输特性来描述输出电压与输入电压的关系。电压传输特性有三要素：一是阈值电压；二是输出的高低电平；三是输入电压通过阈值时输出电压的跃变方向。

思考与练习

（1）下图所示电路中，假定二极管导通电压均为 0.7 V，稳压值均为 15 V。电路中的四个二极管分别起什么作用？请用数值说明。

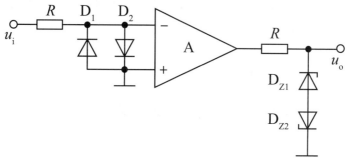

（2）如图所示电路中，集成运放输出电压的最大幅值为 ±14 V，求 u_i 分别为 0.2 V、0.5 V、1.2 V、2 V 时的输出电压 u_{o1} 和 u_{o2}。

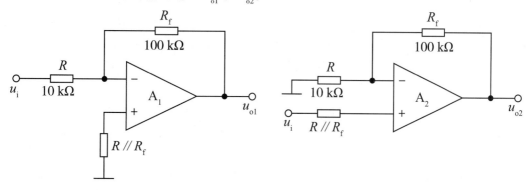

第 8 章　直流电源

8.1　直流电源的组成

　　直流稳压电源是日常生活中许多的电子设备的供电源，作为能量转换电路，它将 220 V（或 380 V）、50 Hz 的交流电转换为直流电。本章中所介绍的直流稳压电源是指能够稳定地提供直流电压，且电流输出在几十安以下的单向小功率电源。

　　一般的直流稳压电源的组成框图如图 8-1 所示。输入端的交流电经过变压电路、整流电路、滤波电路以及稳压电路转换成稳定的直流电压。

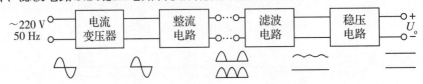

图 8-1　直流稳压电源的组成框图

　　变压电路的作用是降压。通常，直流电源以频率为 50 Hz、有效值为 220 V（或 380 V）的市电为输入电压，而一般电子设备所需的直流电压（如 5 V、9 V 等）与市电有效值差别较大。因而，变压电路将输入交流电压降压，方便后续电路设计。一般情况下，变压电路采用的是变压器变压。

　　整流电路将变压器次级输出的交流电压转换成单向脉动的直流电压。

　　滤波电路的作用是将整流电路的输出电压的脉动降低，这一部分电路多由低通滤波电路组成。

　　稳压电路降低了市电电压和负载电阻变化等用电环境变化的影响，使输出端获得稳定的电压输出。本章中市电电压波动设为 ±10%。

8.2　直流电源中的整流电路

8.2.1　整流电路的技术指标

常用的整流器件是二极管和整流桥。

1. 整流电路的性能指标

（1）输出电压平均值 U_{oav}：反映整流电路将交流电压转换成直流电压的能力。从信号频谱上看，输出电压平均值 U_{oav} 即直流成分的大小。

（2）脉动系数 S：说明整流电路输出电压中交流成分的大小，用来衡量整流电路输出电压的平滑程度，定义为整流后输出电压的基波分量幅值 U_{olm} 与平均值 U_{oav} 之比。

2. 选择整流二极管时所需的参数

（1）I_{dav}：流过二极管的正向平均电流值。

（2）U_{RM}：二极管所能承受的最大反向电压。

8.2.2　单相半波整流电路

1. 电路工作原理

单相半波整流电路如图 8-2 所示。图中电源变压器把单相 220 V、50 Hz 的市电电压 u_1 变换成满足整流电路输出要求的交流电压 u_2（变压器二次侧电压）；R_L 为整流电路的负载，即用电设备或负载电路，一般呈纯电阻性质；R_L 两端的电压 u_o 和其中的电流 i_o 是整流电路输出量，D 为整流二极管。

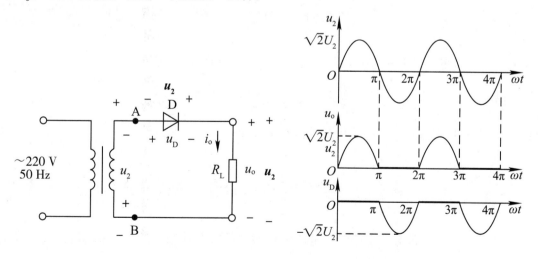

图 8-2　单相半波整流电路

设变压器输出电压为正弦信号，具体如图 8-2 中 u_2 的波形。由于二极管具有单向导电性，故在 u_2 正半周期间，二极管 D 正偏导通，u_2 通过 D 加在 R_L 上，有负载电流 i_o 流过 R_L，$i_o = i_D$，当 u_2 较大时，D 采用理想模型，此时 u_o 波形与 u_2 的波形完全相同，如图 8-2 中 u_o 和 i_D 波形中 $0 \sim \pi$ 部分。而在 u_2 负半周期间，二极管反偏截止，u_2 完全加在 D 两端，R_L 两端没有电压，$u_o = 0$ V，$i_o = 0$ A，如图 8-2 中 u_o 与 i_D 波形的 $\pi \sim 2\pi$ 部分。显然，R_L 上只有半个周期内有电流和电压，故称为半波整流电路。

2. 单相半波整流电路的参数分析

（1）输出电压平均值 U_{oav}。

因为 U_{oav} 是输出电压 u_o 在一个周期内的平均值，故将图 8-2 中的电压 u_o 用傅立叶级数分解，得

$$u_o = \sqrt{2}U_2 \left(\frac{1}{\pi} + \frac{1}{2}\sin \omega t - \frac{2}{3\pi}\cos 2\omega t + \cdots \right) \tag{8-1}$$

式中，U_2 为变压器二次侧电压 u_2 的有效值。

由式（8-1）可见，平均值就是其中的直流分量，即式（8-1）中的第 1 项的电压值为 U_{oav}，故

$$U_{oav} = \frac{\sqrt{2}}{\pi}U_2 \approx 0.45U_2 \tag{8-2}$$

根据式（8-2）可知，单相半波整流电路输出电压的平均值（直流分量）仅约为变压器输出电压有效值 U_2 的 45%。如果 R_L 较小，再考虑变压器二次侧绕组和二极管上的电压损失，则 U_{oav} 还要小。可见，半波整流电路的转换效率较低。

（2）输出电压的脉动系数 S。

S 的定义为

$$S = \frac{U_{olm}}{U_{oav}} \tag{8-3}$$

式中，U_{olm} 为输出电压的基波分量，即式（8-1）中的第 2 项，其幅值为

$$U_{olm} = \frac{\sqrt{2}}{2}U_2 \tag{8-4}$$

将式（8-2）和式（8-4）代入式（8-3），得

$$S = \frac{\dfrac{\sqrt{2}U_2}{2}}{\dfrac{\sqrt{2}U_2}{\pi}} = \frac{\pi}{2} \approx 1.57 \tag{8-5}$$

上式表明，半波整流电路输出电压 u_o 的脉动很大，其基波峰值比平均值约大 57%。

（3）整流二极管的平均电流 I_{dav}。

由图 8-2 可知，流过整流二极管的电流即负载电流，故

$$I_{\mathrm{dav}} = I_{\mathrm{oav}} = \frac{U_{\mathrm{oav}}}{R_{\mathrm{L}}} \approx \frac{0.45U_2}{R_{\mathrm{L}}} \qquad (8\text{-}6)$$

（4）整流二极管承受的最大反向电压 U_{RM}。

由图 8-2 可知，单相半波整流电路中，当 u_2 处于负半周时，电路中 i_{o} 和 u_{o} 均为零。此时，二极管承受的反向电压就是 u_2，其最大值为 u_2 的峰值，即

$$U_{\mathrm{RM}} = \sqrt{2}U_2 \qquad (8\text{-}7)$$

选择整流二极管时，应满足 $I_{\mathrm{F}} > I_{\mathrm{dav}}, U_{\mathrm{R}} > U_{\mathrm{RM}}$。考虑到电网电压波动范围为 $\pm 10\%$，二极管的极限参数还要乘上 1.1。

单相半波整流电路的特点：结构简单，所用二极管较少，但电路的工作效率低，输出电压的平均值小，脉动较大。一般只用于对直流电源要求不高的场合。

8.2.3　单相桥式整流电路

1. 电路工作原理

单相桥式整流电路如图 8-3 所示，它利用二极管接成桥式电路，在正弦交流电压 u_2 正负半周都有电流从同一方向流过负载，从而在负载 R_{L} 上获得图 8-3 中 u_{o} 的波形，这种方式称为全波整流。

当 u_2 在正半周时，图 8-3 中 A 点电位高于 B 点，D_2、D_4 反偏截止，u_2 通过 D_1、D_3 加在负载电阻 R_{L} 上。此时，将有电流由 A 点经 D_1 从上到下流过负载电阻 R_{L} 再经 D_3 到 B 点。

当 u_2 在负半周时，B 点电位高于 A 点，D_1、D_3 反偏截止，u_2 通过 D_2、D_4 加在负载电阻 R_{L} 上。可见，此时同样有电流由 B 点经 D_2 从上到下流入负载电阻 R_{L} 再经 D_4 到 A 点。

这样的电路连接方式实现了在 u_2 的整个周期内都有同一个方向的电流流过 R_{L}，达到了全波整流的目的。

图 8-3 给出了桥式整流电路中各点的电压波形，R_{L} 两端电压 u_{o} 在 $0 \sim \pi$ 期间由 D_1、D_3 提供，在 $\pi \sim 2\pi$ 期间则由 D_2、D_4 提供，这样在 u_2 的一个周期内，u_{o} 出现了两个波峰：在 $0 \sim \pi$ 期间 D_2、D_4 反偏，它们承受与 u_2 相同的反偏电压，在 $\pi \sim 2\pi$ 期间则由 D_1、D_3 承受与 u_2 相同的反偏电压。

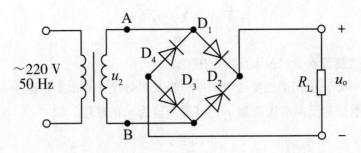

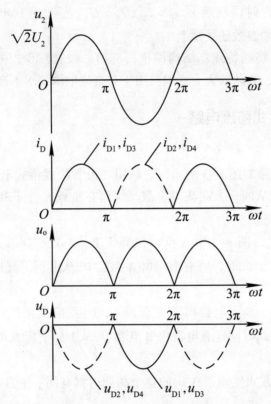

图 8-3　单相桥式整流电路

2. 单相桥式整流电路的分析

（1）输出电压平均值 U_{oav}。

图 8-3 中的 u_{o} 的波形经过傅立叶级数分解后，得

$$u_{\text{o}} = \sqrt{2}U_2\left(\frac{2}{\pi} - \frac{4}{3\pi}\cos 2\omega t - \frac{4}{15\pi}\cos 4\omega t - \cdots\right) \tag{8-8}$$

其中的直流分量就是 U_{oav}，即

$$U_{\text{oav}} = \frac{2\sqrt{2}}{\pi}U_2 \approx 0.9U_2 \tag{8-9}$$

与式（8-2）相比可知，桥式整流电路的输出电压平均值是半波整流电路输出电压平均值的两倍。

（2）脉动系数 S。

由定义可得

$$S = \frac{\frac{4\sqrt{2}U_2}{3\pi}}{\frac{2\sqrt{2}U_2}{\pi}} = \frac{2}{3} \approx 0.67 \qquad （8-10）$$

与式（8-5）比较可见，全波整流电路的脉动系数大大优于半波整流电路。

（3）整流二极管承受的最大反向电压 U_{RM}。

从图 8-3 中 u_D 的波形可知，在 u_2 的正半周时，D_2、D_4 所承受的最大反向电压就是变压器二次侧电压的最大值，即

$$U_{RM} = \sqrt{2}U_2 \qquad （8-11）$$

同理，在 u_2 的负半周，D_1、D_3 承受同样大小的反向电压。

通过以上分析可知，与半波整流电路相比，若 u_2 相同，桥式整流电路的输出电压平均值提高了 1 倍；若 I_o 相同，桥式整流电路每个整流二极管流过的平均电流减少了一半；桥式整流电路脉动系数下降了许多；桥式整流电路每个二极管承受的反向峰值电压相同。

桥式整流电路比半波整流电路增加了 3 只二极管，但二极管价格低，多用 3 只管子也不会带来很大的代价，因此桥式整流电路应用广泛。有时还会使用集成的桥式整流电路，称为整流堆。

8.3 直流电源中的滤波电路

在所有整流电路的输出电压中都不可避免地存在脉动成分，为了获得平稳的直流电压，我们必须利用滤波器将交流成分滤除。滤波电路一般由电抗元件组成，常用的滤波电路有电容滤波电路、LC 滤波电路和 RC 滤波电路等。

8.3.1 电容滤波电路

电容滤波电路如图 8-4 所示。

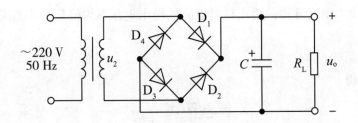

图 8-4 桥式整流电容滤波电路

1. 工作原理

电容滤波电路的工作波形如图 8-5 所示。当输入 u_2 在正半周且由零到峰值逐渐增大时，D_1、D_3 导通，一方面给负载供电，另一方面对电容器充电，由于二极管的正向电阻和变压器的等效电阻都很小（几乎为零，理想状态均假设为零），所以充电时间常数很小，电容器充电电压随 u_2 的上升而上升（图 8-5 中的 Oa 段）。在 a 点 u_2 达到最大值，之后开始下降，电容器向负载释放电能。由于放电时间常数 $R_L C$ 比 u_2 的周期大得多，所以电容器两端电压下降的速度比 u_2 的下降速度慢得多，此时电容器上的电压 u_c 将大于此时的 u_2，即 $u_c > u_2$，负载两端的电压靠电容器 C 的放电电流来维持（图 8-5 中的 ab 段）。在 b 点 u_2 开始大于 u_c，电容器又被充电，充电到 u_2 的最大值后，又进行放电。如此反复，使负载两端得到平缓的直流电压。因此，整流电路加入滤波电容器后，其输出电压波形比没有滤波电容器时平滑很多。

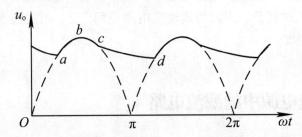

图 8-5 电容滤波电路的工作波形

2. 电容滤波电路的主要参数

（1）输出电压平均值 U_{oav}。桥式整流电容滤波电路空载时输出电压的平均值最大，其值等于 $\sqrt{2}U_2$；当电容器 C 开路时，输出电压平均值最小，其值等于 $0.9U_2$；当接入电容器 C 且电路接有负载时，输出电压的平均值介于上述两者之间。工程上输出电压平均值一般按下式估算：

$$U_{oav} = 1.2U_2 \tag{8-12}$$

（2）输出电流平均值 I_{oav}。在桥式整流电容滤波电路中，流过负载的电流平均值为

$$I_{oav} = \frac{U_{oav}}{R_L} = (1.1 \sim 1.4)\frac{U_2}{R_L} \approx 1.2\frac{U_2}{R_L} \qquad (8\text{-}13)$$

（3）滤波电容的选择。对于全波整流电路，为了得到较好的滤波效果，在实际工作中，通常滤波电容的容量应满足

$$R_L C \geqslant (3 \sim 5)\frac{T}{2}$$

其中，T 为电网交流电压的周期。通常电容容量为几十至几千微法，一般采用电解电容器。

考虑到电网电压的波动范围为 $\pm 10\%$，滤波电容的耐压值应为

$$U_C > 1.1\sqrt{2}U_2 \qquad (8\text{-}14)$$

（4）整流二极管的选择。桥式整流电容滤波电路中流过整流二极管的平均电流是负载平均电流的一半，即

$$I_{dav} = \frac{1}{2}I_{oav} \qquad (8\text{-}15)$$

由于电容在开始充电瞬间电流很大，二极管在接通电源瞬间会流过较大的冲击尖峰电流。因此，在选用二极管时，二极管的额定电流应为

$$I_F \geqslant (2 \sim 3)I_{dav} \qquad (8\text{-}16)$$

在桥式整流电容滤波电路中，二极管截止时承受的最大反向电压（U_{RM}）与没有滤波电容时一样，均为 $\sqrt{2}U_2$，即整流二极管最大反向电压为

$$U_{RM} = \sqrt{2}U_2 \qquad (8\text{-}17)$$

（5）整流变压器的选择。由负载 R_L 上的直流平均电压与变压器的关系 $U_{oav} = 1.2U_2$ 得

$$U_2 = \frac{U_{oav}}{1.2} \qquad (8\text{-}18)$$

实际应用中，考虑到二极管正向压降及电网电压的波动（$\pm 10\%$），变压器次级的电压值应大于计算值 10%。变压器次级电流 I_2 一般取

$$I_2 = (1.1 \sim 1.3)I_{oav} \qquad (8\text{-}19)$$

3. 电容滤波电路的特点

电容滤波简单易用，U_{oav} 高，且 C 足够大时交流分量较小，但其不适用于大电流负载。C 越大，R_L 越大，时间常数越大，放电越慢，曲线越平滑，脉动越小。电容滤波电路输出直流电压的平滑程度与负载有关，当负载较小时，时间常数 $R_L C$ 较小，输出电压的纹波增大，所以它不适用于负载变化较大的场合。电容滤波也不适用于负载电流较大的场合，因为负载电流增大（R_L 减小）时只有增大电容的容量才能取得好的

滤波效果；但滤波电容太大会使电容体积增大、成本上升，而且大的充电电流容易引起二极管损坏。

综上所述，电容滤波电路适用于负载电流较小且变化范围不大的场合。

8.3.2 电感滤波电路

电感滤波电路如图 8-6 所示。

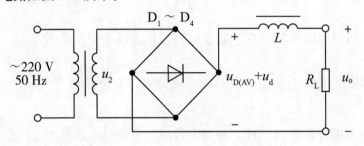

图 8-6 电感滤波电路

电感对直流分量的感抗近似为零，而对交流分量的感抗 ωL 可以很大。因此将其串联在整流电路与负载电阻之间，能够获得很好的滤波效果。而且，由于电感上感生电动势的方向总是阻止回路电流的变化，即每当整流二极管的电流变小而趋于截止时感生电动势将延缓这种变化，从而延长每只二极管在一个周期内的导通时间，即增大二极管的导通角，这有利于整流二极管的选择。

整流电路的输出可以分为直流分量 $U_{o(AV)}$ 和交流分量 u_o 两部分，如图 8-6 所示电路输出电压的直流分量为

$$U_{o(AV)} = \frac{R_L}{R+R_L} \times U_D \approx \frac{R_L}{R+R_L} \times 0.9 U_2 \qquad (8-20)$$

式中，R 为电感线圈电阻，输出电压的交流分量为

$$u_o = \frac{R_L}{\sqrt{(\omega L)^2 + R_L^2}} \times u_D \approx \frac{R_L}{\omega L} \times u_D \qquad (8-21)$$

以上两式表明，在忽略电感线圈电阻的情况下，电感滤波电路输出电压平均值近似等于整流电路的输出电压，即 $U_{oav} \approx 0.9 U_2$。只有在 ωL 远远大于 R_L 时，才能获得较好的滤波效果。而且 R_L 越小，输出电压的交流分量越小，滤波效果越好。可见，电感滤波适用于大负载电流的场合。

8.3.3 LC 滤波电路

1. LC 滤波电路

LC 滤波电路如图 8-7 所示。LC 滤波也称复式滤波，是在电容滤波前串联一个电感线圈 L 构成。

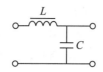

图 8-7 *LC* 滤波电路

在电容滤波电路中，大电容会使通过二极管的冲击电流很大，可能损坏二极管，而滤波电容的容量增加时会使电容器的体积增大，价格升高，安装不方便。另外，电容滤波得到的输出电压往往还有不小的交流分量。由于加入了电感，*LC* 组合滤波电路比电容滤波器的滤波效果更好。

由 $X_L = \omega L$ 可知，整流电流的交流成分频率越高，感抗越大，所以它可以减弱整流电压中的交流分量，频率大得越多，滤波效果越好；经过电容滤波器后，再一次过滤掉交流分量。这样，便可以得到较为平滑的直流输出电压。

但是，由于整流输出的脉动交流分量的频率较小，需要电感线圈的电感比较大（一般在几亨到几十亨的范围内），其匝数较多，线圈电阻也较大，产生一定的直流压降，造成输出电压也有所降低。

LC 滤波电路适用于电流较大、要求输出电压脉动很小的场合，用于高频时则更为适合。在电流较大、负载变动较大并对输出电压的脉动程度要求不太高的场合下（如晶闸管电源），也可将电容器除去，只用电感滤波。

2. *LC* π 型滤波电路

LC π 型滤波电路如图 8-8 所示。

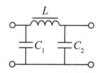

图 8-8 *LC* π 型滤波电路

LC π 型滤波是在 *LC* 滤波器的前面并联一个滤波电容 *C* 构成。它的滤波效果比 *LC* 滤波器更好，输出电压的脉动更小，但整流二极管的冲击电流比 *LC* 滤波器要大得多。

8.3.4 *RC* π 型滤波电路

RC π 型滤波电路如图 8-9 所示。

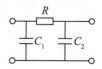

图 8-9 *RC* π 型滤波电路

RC π 型滤波电路是将 LC π 型滤波器中的电感线圈 L 用电阻代替后得到的。其克服了电感线圈的体积大、笨重、成本高等弊端。电阻对交、直流电流具有降压作用，当它和电容配合之后，就使脉动电压的交流分量较多地降落在电阻两端（因为电容 C_2 的交流阻抗甚小）而较少地降落在负载上，从而起到滤波作用。R 越大，C_2 越大，滤波效果也就越好。但 R 太大将使直流压降增加，因此这种电路主要适用于负载电流较小而又要求输出电压脉动很小的场合。

8.4 直流电源中的稳压电路

虽然借助整流电路和滤波电路能把交流电压变换成比较平滑的直流电压，但这种直流电压是不稳定的，这主要是因为交流电网电压通常允许有 ±10% 的波动，而直流电源的负载也经常发生变化，因而经整流滤波输出的直流电压会随着发生变化。为了得到更加稳定的直流电源，需要在整流滤波电路的后面再加上稳压电路。常用的稳压电路主要有硅稳压管稳压电路、线性（放大式）稳压电路和开关式稳压电路等。

8.4.1 稳压电路的性能指标

稳压电路的性能指标是用来表示稳压电源性能的参数。主要有两类：一类是特性指标，包括电路允许的输入电压、输出电压及可调范围等；另一类是质量指标，包括电路的输出电阻、稳压系数、电压调整率、电流调整率、温度系数和噪声电压等。本节介绍以下几种常用的质量指标。

1. 输出电阻 R_o

稳压电路的输出电阻 R_o 可用于衡量负载变化时输出电压的稳定程度。输出电阻 R_o 定义为经整流滤波后输入到稳压电路的直流电压 U_i 不变时，稳压电路的输出电压 U_o 变化量与输出电流 I_o 变化量之比，即

$$R_o = \frac{\Delta U_o}{\Delta I_o}\bigg|_{U_i\text{恒定}} \tag{8-22}$$

2. 稳压系数 S_r

稳压系数 S_r 可用于衡量输入电压变化时输出电压的稳定程度。S_r 的定义是当负载不变时，输出电压相对变化量与输入电压相对变化量之比，即

$$S_r = \frac{\Delta U_o / U_o}{\Delta U_i / U_i}\bigg|_{R_L\text{一定}} \tag{8-23}$$

3. 温度系数

温度系数是指在电网电压和负载不变的情况下输出电压变化量与温度变化量的比值。

4. 最大纹波电压

最大纹波电压是指输出端存在的 50 Hz 或 100 Hz 的交流电压分量，通常以有效值或峰值形式表示。

一般常用输出电阻 R_o 和稳压系数 S_r 这两个主要性能指标。其数值越小，电路稳压性能越好。

至于稳压电路的类型，往往按稳压电路中调整元件所在位置和其所处工作状态划分。例如，按调整元件的接法划分，有串联型稳压电路（调整元件与负载相串联）和并联型稳压电路（调整元件与负载相并联）。如果调整元件工作在线性放大状态，那么相应的稳压电路称为线性稳压电路；若调整元件工作时处于开关工作状态，则该稳压电路就是开关型稳压电路。

8.4.2　由稳压二极管构成的直流稳压电路

整流滤波电路输出的直流电压是不稳定的。输出电压不稳定的因素主要是负载的变化和市电交流电压不稳定。由于整流滤波电路有内阻，所以，当负载变化时，负载电流变化，使内阻上的压降变化，导致输出电压变化。通常，交流电网电压允许 ±10% 的变化，因而使输出的直流电压不稳定。为了获得稳定性好的直流电压，必须采取稳压措施。

1. 稳压电路的组成

图 8-10 为硅稳压二极管稳压电路，该电路是由稳压二极管 D_Z 和限流电阻 R 构成的最简单的稳压电路。输入电压 U_i 是经过整流滤波后的直流电压，稳压管 D_Z 与负载电阻 R_L 并联，稳压电路的输出电压 U_o 同时也是稳压管的稳定电压。限流电阻 R 是稳压电路不可缺少的组成元件。当电网电压波动或负载电流发生变化时，通过调节限流电阻上的压降来保持输出电压基本不变。

从硅稳压二极管稳压电路可得以下两个基本关系式

$$U_i = U_R + U_o \tag{8-24}$$

$$I_R = I_{D_Z} + I_o \tag{8-25}$$

图 8-11 表示稳压管的反向击穿特性，当稳压管反向击穿时，只要能使稳压管始终工作在稳压区，即保证稳压管的电流在规定的范围内变化，输出电压 U_o 就基本稳定。

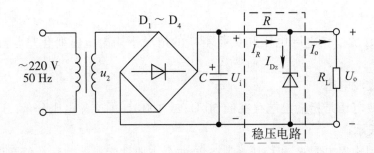

图 8-10　稳压管稳压电路

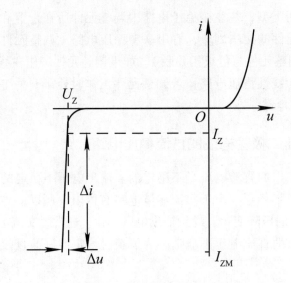

图 8-11　硅稳压管的伏安特性

2. 稳压电路的工作原理

对任何稳压电路都应从两个方面考察其稳压特性：一是假设电网电压波动，研究其输出电压是否稳定；二是假设负载变化，研究其输出电压是否稳定。

（1）如图 8-11 所示的稳压管稳压电路中，负载电阻 R_L 不变，当稳压电路的输入电压 U_i 增大时，输出电压 U_o 也就增大了，并引起稳压管反向电压 U_Z 增大。当稳压管反向电压 U_Z 增大时，会使稳压管电流 I_Z 急剧增大。因此，限流电阻 R 上的压降 U_R 也会增大，以此抵消 U_i 的增大，从而使输出电压 U_o 基本保持不变。

$$电网电压↑→U_i↑→U_o↑(U_Z)↑→I_{D_Z}↑→I_R↑→U_R↑→U_o↓$$

当输入电压 U_i 下降时，各变量的变化与上述过程相反，限流电阻 R 上的压降 U_R 的变化补偿了 U_i 的变化，以保证输出电压 U_o 基本保持不变。

（2）现考虑输入电压 U_i 不变，负载电阻 R_L 变化的情况。当负载电阻 R_L 减小，即负载电流 I_o 增大时，根据式（8-25），会引起 I_R 增大，使电阻 R 上压降 U_R 也随之增大。根据式（8-24），输出电压 U_o 会下降，即 U_Z 下降。根据稳压管的伏安特性，U_Z 的下

降使稳压管电流 I_Z 也显著减小，从而 I_R 随之减小。实际上，用 I_Z 的减小补偿 I_o 的增大，使 I_R 基本保持不变，可以使输出电压 U_o 维持基本稳定。

$$\begin{cases} R_L \downarrow \rightarrow U_o \downarrow (U_Z \downarrow) \rightarrow I_{D_Z} \downarrow \rightarrow I_R \downarrow \\ R_L \downarrow \rightarrow I_L \uparrow \rightarrow I_R \uparrow \end{cases}$$

相反，若 R_L 增大即 I_o 减小，则 I_{D_Z} 增大，同样可使 I_R 基本不变，从而保证输出电压 U_o 基本保持不变。

综上所述，在由稳压二极管组成的稳压电路中，利用稳压管所起的电流调节作用，通过限流电阻 R 上电压或电流的变化进行补偿，来达到稳压的目的。限流电阻 R 是必不可少的元件，它既限制稳压管中的电流使其正常工作，又与稳压管相配合以维持输出电压的稳定。

3. 输出电阻和稳压系数估算

（1）输出电阻 R_o。输出电阻 R_o 的定义为，直流输入电压 U_i 不变时，稳压电路的输出电压 U_o 变化量与输出电流 I_o 变化量之比。

$$R_o = \frac{\Delta U_o}{\Delta I_o} = R_Z \mathbin{/\!/} R$$

R_Z 为稳压管的动态内阻。在满足 $R_Z \ll R$ 的情况下，上式可化简为

$$R_o \approx R_Z \tag{8-26}$$

稳压电路的输出电阻 R_o 近似等于稳压管的动态内阻。而且 R_Z 越小，稳压电路的输出内阻 R_o 越小，当负载变化时稳压电路的稳压性能越好。

（2）稳压系数 S_r。稳压系数 S_r 的定义为，当负载不变时，输出电压相对变化量与输入电压相对变化量之比。稳压系数 S_r 为

$$S_r = \frac{\Delta U_o / U_o}{\Delta U_i / U_i} \approx \frac{R_Z}{R} \cdot \frac{U_i}{U_o} \tag{8-27}$$

由式（8-27）可知，R_Z 越小，R 越大，则稳压系数 S_r 越小，稳压电路的稳压性能越好。

4. 限流电阻 R 的选择

限流电阻 R 是稳压管稳压电路的重要元件，选择适当阻值的限流电阻，可以使稳压电路更好地实现稳压作用。对于限流电阻的选择，应使其能保证稳压管在两种变化情况下始终工作在稳压工作区内。

得出限流电阻的上限值为

$$R = \frac{U_{imin} - U_o}{I_{Zmin} + I_{omax}} \tag{8-28}$$

限流电阻的下限值为

$$R = \frac{U_{\mathrm{imax}} - U_{\mathrm{o}}}{I_{\mathrm{Zmax}} + I_{\mathrm{omin}}} \qquad (8\text{-}29)$$

稳压管稳压电路的特点：简单易用，稳压性能好；适用于输出电压固定、输出电流变化范围较小的场合。

8.4.3 串联型稳压电路

稳压管稳压电路允许的负载电流变化范围小，一般只允许负载电流在几十毫安以内变化，而且输出的直流电压不可调，这使稳压管稳压电路有较大的局限性。串联型稳压电路以稳压管稳压电路为基础，利用晶体管的电流放大作用，增大负载电流；在电路中引入深度电压负反馈使输出电压稳定；可通过改变反馈网络参数使输出电压可调。目前，这种稳压电路已经制成单片集成电路，广泛应用在各种电子仪器与电子电路中。

1. 电路组成

串联型稳压电路一般由取样电路、基准电压电路、比较放大电路及调整电路4个基本部分组成。串联型稳压电路如图8-12（a）所示，其组成框图如图8-12（b）所示。

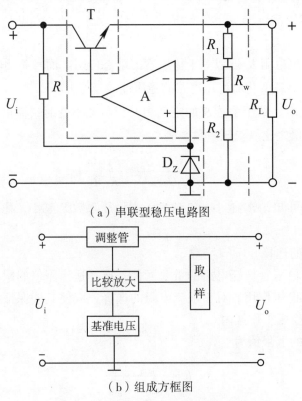

（a）串联型稳压电路图

（b）组成方框图

图 8-12　串联型稳压电路及方框图

（1）基准电压电路。基准电压电路是由稳压管 D_Z 和限流电阻 R 组成的，用于提供一个稳定的基准电压送到比较放大环节。

（2）取样电路。取样电路由电阻 R_1、R_2 和 R_w 组成，形成一个反馈网络。它的作用是对输出电压变化量分压取样，然后送至比较放大环节，同时为调整管 T 提供一个合适的静态偏置电压，以保证调整管 T 工作于放大区。此外，取样电路引入的电位器 R_w 还可以调节输出电压 U_o 值。

（3）比较放大电路。比较放大电路是由运算放大器构成的，它的作用是将输出电压的取样值与基准电压比较后放大，然后送到调整管进行输出电压调整。为了提高稳压性能，实际中常采用差分放大电路或集成运算放大电路。

（4）调整电路。调整电路由调整管 T 组成，是稳压电路的核心部分，输出电压的稳定主要依赖调整管 T 的调整作用来实现。为了有效地起到电压调整作用，必须保证它在任何情况下都工作在放大区。因为调整管与负载串联，故称它为串联型稳压电路。

2. 工作原理

当输入电压 U_i 增大或负载电阻 R_L 增大时，会使输出电压 U_o 增大，即晶体管发射极电位 U_E 升高，稳压管端电压基本不变（即晶体管基极电位 U_B 基本不变），故晶体管的 U_{BE}（$U_{BE} = U_B - U_E$）减小，导致 I_B（I_E）减小，使输出电压 U_o 下降，从而维持输出电压 U_o 基本不变。

同理，当输入电压 U_i 减小或负载电阻 R_L 减小时，会使输出电压 U_o 下降，可通过上述类似负反馈过程，使输出电压 U_o 下降，从而维持输出电压 U_o 基本保持不变。

3. 输出电压调节范围

在理想运放条件下，由图 8-12（a）可知，当 R_w 滑动端调至最上端时，输出电压 U_o 为最小，即

$$U_{omin} = \frac{R_1 + R_w + R_2}{R_w + R_2} U_Z \qquad (8-30)$$

当 R_w 滑动端调至最下端时，输出电压 U_o 最大，即

$$U_{omax} = \frac{R_1 + R_w + R_2}{R_2} U_Z \qquad (8-31)$$

由此可见，调整电阻 R_w 的阻值，即可调整输出电压的大小。

4. 稳压电路的过载保护

使用串联型稳压电路时，由于其内阻较小，如果输出端过载甚至短路，将使通过调整管的电流急剧增大，这会大大增加调整管上的功耗，甚至导致调整管损坏，因此必须在稳压电路中加入过载保护环节。常用的保护电路有两种：限流型保护电路和截流型保护电路。限流型保护电路是在发生短路时，通过电路中取样电阻的反馈作用使输出电流得到限制；截流型保护电路是在发生短路时，通过保护电路使调整管截止，从而限制短路电流。

图 8-13 是带限流型过流保护电路的串联型稳压电路，其中 R_0 是输出电流取样电阻，R_0 和 T_3 组成限流型过流保护电路。

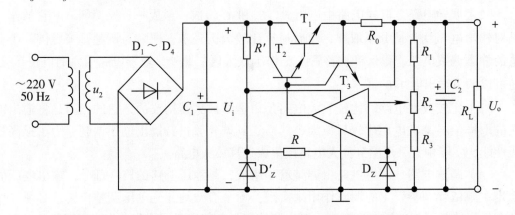

图 8-13　带限流型过流保护电路的串联型稳压电路

稳压电路的保护电路类型很多，除了以上两种，还有温度保护电路、过压保护电路、过热保护电路等。

8.4.4　三端稳压器

利用半导体集成工艺，将串联型线性稳压器、高精度基准电压源、过流保护电路等集中在一块硅片上就制成了集成稳压器。由于常用的集成稳压器只有输入端、输出端和公共端三个端子，故也称三端稳压器。这种集成稳压器因具有体积小、接线简单、使用方便、性能好、稳定性高、价格低廉等特点而被广泛应用。集成稳压器的种类很多，常作为小功率稳压电源使用，按输出电压是否可调分为输出电压固定式和可调式两种。

1. 三端固定式稳压器

图 8-14 是三端固定式稳压器外形和电路符号。三端固定式稳压器的输出电压是定值，通用产品有 W7800（正电压输出）和 W7900（负电压输出）两个系列，输出电压有 5 V、6 V、9 V、12 V、15 V、18 V 和 24 V 等。输出电流有 1.5 A（W7800）、0.5 A（W78M00）、0.1 A（W78L00）三种。例如，W7805 表示该稳压器输出电压为 5 V，输出电流为 1.5 A；W79L15 则表示输出电压为 –15 V，输出电流为 0.1 A。

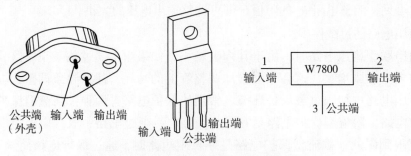

图 8-14　三端固定式稳压器外形和电路符号

（1）典型应用电路。三端固定式稳压器的典型应用电路如图 8-15 所示。经过整流滤波后的直流电压 U_i 接输入端，输出端便可得到稳定的输出电压 U_o，正常工作时，U_i 与 U_o 的电压差在 2 V 以上。芯片的输入端和输出端与地之间除分别接大容量滤波电容外，还需在芯片引脚根部接小容量电容 C_i 和 C_o，取值范围在 $0.1\sim1\,\mu\text{F}$ 之间。C_i 用于抵消长线电感效应，消除自激振荡，C_o 用于消除高频噪声。

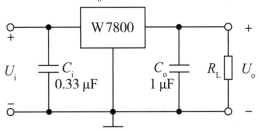

图 8-15 三端固定式稳压器典型应用电路

当需要同时输出正负两组电压时，可用 W7800 和 W7900 各一块，按如图 8-16 所示进行接线，即可得到具有正负对称输出两种电源的稳压电路。

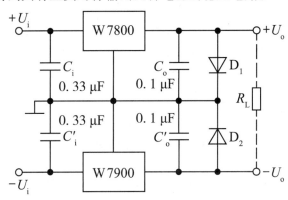

图 8-16 输出正、负电压的稳压电路

（2）电流扩展电路。由于三端集成稳压器的输出电流都有一定限制，若想扩大输出电流，可在典型应用电路的基础上外接大功率三极管的方法实现，如图 8-17 所示为扩展输出电流的稳压电路。

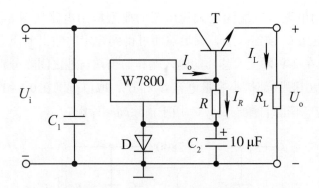

图 8-17　扩展输出电流的稳压电路

电路外接大功率三极管扩流，对集成稳压器的稳压精度会有一定的影响。

（3）电压扩展电路。当稳压电路所需的直流电压高于三端稳压器的额定输出电压时，可外接电路升压，通过使集成稳压器工作于悬浮状态，即以不直接接地的方式扩展输出电压，如图 8-18 所示。

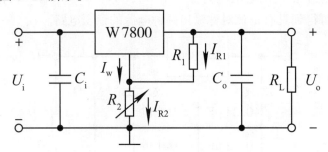

图 8-18　扩展输出电压的稳压电路

如图 8-18 所示为利用电阻提升输出电压的电路。设稳压器的输出电压作为基准电压 U_o'，若流过电阻 R_1 和 R_2 的电流比三段集成稳压器的静态电流大得多，则可以认为

$$U_o' \approx \frac{R_1}{R_1 + R_2} U_o$$

即输出电压为

$$U_o \approx \left(1 + \frac{R_2}{R_1}\right) U_o' \qquad (8-32)$$

（4）输出电压可调电路。W7800 和 W7900 系列均为固定输出电压的三端稳压器，若想得到可调的输出电压，可配上合适的外接电路构成输出电压可调的稳压电路，如图 8-19 所示。

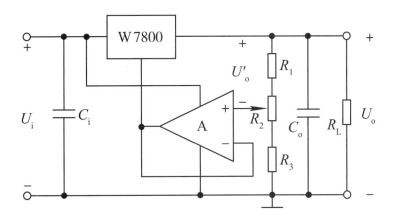

图 8-19　输出电压可调的稳压电路

在图 8-19 中，电路中接入了一个集成运放 A 以及采样电阻 R_1、R_2 和 R_3，其中 R_2 为电位器。可以看出，集成运放接成了电压跟随器形式，它的输出电压等于其输入电压，也等于三端稳压器的输出电压 U_o'，也就是说，电阻 R_1 与 R_2 上部分的电压之和为 U_o'，是一个常量。此时，以输出电压 U_o 的正端为参考点，当调整电位滑动端的位置时，输出电压 U_o 将随之变化，其调节范围是

$$\frac{R_1 + R_2 + R_3}{R_1 + R_2} \cdot U_o' \leqslant U_o \leqslant \frac{R_1 + R_2 + R_3}{R_1} \cdot U_o' \qquad (8-33)$$

若稳压器使用 W7812，采样电阻 $R_1 = R_2 = R_3 = 300\ \Omega$，则输出电压的调节范围为 $18 \sim 36\ \mathrm{V}$。可以根据输出电压的调节范围及输出电流大小选择三端稳压器及取样电阻。

2. 三端可调式稳压器

三端固定式稳压器只能输出固定电压，因而实际应用不便。为此，在其基础上发展了三端可调式稳压器。三端可调式稳压器有正电压输出 W117（W217、W317）系列和负电压输出 W137（W237、W337）系列两种类型，其特点是输出电压连续可调，调节范围较宽，且电压调整率、负载调整率等指标均优于固定式三端稳压器。下面以 W117 系列为例，简单介绍这类稳压器的基本应用。

（1）电路结构与外形特点。常用的三端可调式稳压器其外形与三端固定式稳压器相似，包括取样、比较放大、调整等基本部分，且同样具有过热、限流和安全工作区保护。

三端可调式稳压器既保留了简单的结构，又克服了固定式稳压器电压不可调的缺点，并且在内部电路设计及集成化工艺方面采用了更先进的技术，性能指标相比三端固定式稳压器高一级别。W117 系列的主要性能如下：①最大输入电压为 40 V；②输出电压调节范围为 1.2 ~ 37 V；③最大输出电流为 1.5 A；④电压调整率为 0.01%；⑤负载调整率为 0.1%；⑥允许功耗为 20 W（金属封装，加散热片）或 15 W（塑料封装，加散热片）。

（2）典型应用电路。由 W117 构成的可调输出稳压电路如图 8-20 所示，通过两个外接电阻来调节输出电压。为保证稳压器在空载时也能正常工作，要求流过电阻 R_1 的电流 I_{R_1} 取值一般不小于 5 mA，故 R_1 的取值范围在 120 ～ 240 Ω。在电路正常工作时，输出端与调整端之间的电压值为基准电压 U_{REF} =1.25 V，芯片 1 引脚调整端输出电流 I_A 较小，约为 50 μA，且 R_2 阻值不大，所以 R_2 上的压降可以忽略。因此，只要调节 R_2 的阻值就可改变输出电压的大小。

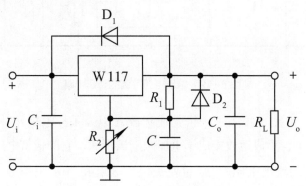

图 8-20　三端可调式集成稳压电路

电路中 C_i、C_o 用于防止自激振荡、减小高频噪声和改善负载瞬态响应。接入 C 可提高对纹波的抑制作用。当输出电压较高而 C_o 容量又较大时，必须在 W117 的输入端与输出端之间接上保护二极管 D_1。否则，一旦输入短路时，未经释放的 C_o 的电压会通过稳压器内部的输出晶体管放电，可能造成输出晶体管发射结反向击穿。接上 D_1 后，C_o 可通过 D_1 放电。同理，当输出端短路时 D_2 可为 C 提供放电通路，同样起保护稳压器的作用。

若在图 8-20 的基础上配上由 W137 组成的负电源电路，即可构成正负输出电压可调的稳压电源。

8.4.5　开关型稳压电源

线性稳压电源具有结构简单、调节方便、输出电压稳定性强、纹波电压小的优点。缺点功耗大、效率低（20 ％～ 49 ％）；若再加散热器，将导致设备体积大、笨重、成本高。

若调整管工作在开关状态，则势必大大减小功耗，提高效率。开关型稳压电源的效率可达 70 ％～ 95 ％且体积小、重量轻，适于固定的大负载电流、输出电压小范围调节的场合。

开关型稳压电源的基本思路：AC → DC → AC → DC。将交流电经变压器、整流滤波得到直流电压；控制调整管按一定频率开关，得到矩形波；滤波，得到直流电压；引入负反馈，控制占空比，使输出电压稳定。

开关型稳压电源的关键技术是大功率高频管和高质量磁性材料。

1. 串联开关型稳压电路

图 8-21 是串联开关型稳压电路原理图。

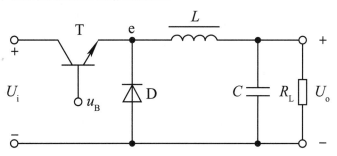

图 8-21　串联开关型稳压电路原理图

图中 T 为调整管，D 为续流二极管（要求使用快恢复二极管），T、D 均工作在开关状态；L 和 C 组成滤波电路。因调整管与负载串联所以称为串联型，在串联开关型稳压电路中 $U_o < U_i$，故为降压型电路。

图 8-22 是串联开关型稳压电路工作原理。当 $u_B = U_H$ 时，如图 8-22（a）所示，T 饱和导通，D 截止，$u_E \approx U_I$；L 储能，C 充电；当 $u_B = U_L$ 时，如图 8-22（b）所示，T 截止，D 导通维持负载电流，$u_E \approx -U_D$；L 释放能量，C 放电。调整管电压波形如图 8-23 所示。

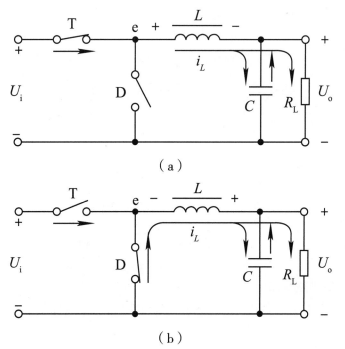

（a）

（b）

图 8-22　串联开关型稳压电路工作原理

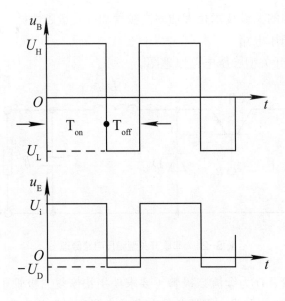

图 8-23　调整管电压波形

$$U_o \approx \frac{T_{on}}{T} \cdot U_i + \frac{T_{off}}{T} \cdot (-U_D) \approx \delta U_i \qquad (8-34)$$

调整 u_B 脉冲的占空比即可调整输出电压。若某种原因使输出电压升高，则应减小占空比，减少开关管导通时间，反之亦然。占空比调整可采用脉冲宽度调制式、脉冲频率调制式和混合调制式等方式。

脉冲宽度调制又称 PWM，电路作用过程：$U_o \uparrow \rightarrow T_{on} \downarrow \rightarrow \delta \downarrow \rightarrow U_o \downarrow$；图 8-24 是 PWM 方式串联开关型稳压电路。

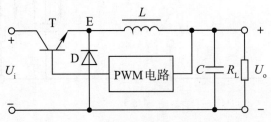

图 8-24　PWM 串联开关型稳压电路

脉冲频率调制式：$U_o \uparrow \rightarrow T \uparrow$（脉宽不变）$\rightarrow \delta \downarrow \rightarrow U_o \downarrow$

混合调制式：$U_o \uparrow \rightarrow T \uparrow$ 同时 $T_{on} \downarrow \rightarrow \delta \downarrow \rightarrow U_o \downarrow$

2.并联开关型稳压电路

图 8-25 是并联开关型稳压电路原理图。因调整管与负载并联所以称为并联型。

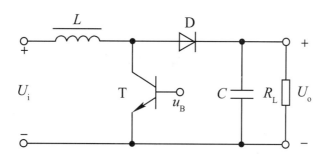

图 8-25　并联开关型稳压电路原理图

图 8-26 是并联开关型稳压电路工作原理图，当 $u_B = U_H$ 时，如图（a）所示，T 饱和导通，L 储能，D 截止，C 对负载放电；当 $u_B = U_L$ 时，如图（b）所示 T 截止，L 产生感生电动势，D 导通；U_i 与 L 所产生的感生电动势相加对 C 充电。

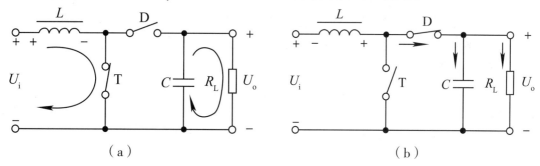

（a）　　　　　　　　　　　　　　（b）

图 8-26　并联开关型稳压电路工作原理

图 8-27 是 PWM 并联开关型稳压电路。在周期不变的情况下，u_B 占空比越大，输出电压平均值越高。只有 L 足够大，才能升压；只有 C 足够大，输出电压交流分量才足够小。

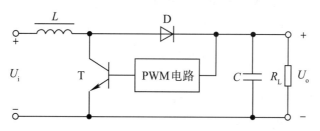

图 8-27　PWM 并联开关型稳压电路

本章小结

（1）直流电源的组成。直流稳压电源能够为电子设备提供持续稳定、满足负载要求的电能，是当今电子设备发展和普遍应用的基础。直流电源按调整管的工作状态可分为线性稳压电源和高效率的高频开关稳压电源。

（2）直流电源中的整流电路。整流电路将输入的交流电压转换成单向脉动电压，在电路结构上通常有半波整流和全波整流两类。最常用的整流电路是单相桥式整流电路，属于全波整流的一种。分析整流电路的工作原理的关键在于理解整流二极管在输入电压变化时的工作状态。

（3）直流电源中的滤波电路。在滤波电路中，需要被滤除的电压脉动成分相比较直流成分而言属于高频信号，故而滤波电路在本质上属于低通滤波。根据对电感、电容的不同利用形式，滤波电路可分为电感滤波、电容滤波以及复合滤波。对滤波电路的工作原理可结合储能元件电感、电容的能量转换过程来理解。

（4）直流电源中的稳压电路。稳压电路部分介绍了四个方面的内容：稳压管稳压电路详细解释了基础的稳压原理，串联型稳压电路解释了对稳压管稳压电路的改进，对于集成稳压器则着重以介绍实际应用为主，最后介绍了应用越来越广的开关型稳压电路。

思考与练习

（1）在如图 8-3 所示桥式整流电路中，若二极管 D_2 断开，输出电压 u_o 将如何变化？如果 D_2 接反，u_o 又将如何变化？如果 D_2 被短路呢？

（2）在如图 8-4 所示的桥式整流电路中，已知变压器次级电压 u_2 有效值 $U_2 = 10\,\text{V}$，电容的取值满足 $R_L C = (3 \sim 5)T/2(T = 20\,\text{ms})$，$R_L = 100\,\text{W}$，求：

①输出电压平均值 U_o。

②二极管的正向平均电流 I_D 和反向峰值电压 U_{rm}。

③可选取的电容 C 的容量及耐压。

④如果负载开路，U_o 将产生的变化。

（3）如图 8-12（a）所示为有放大环节的串联稳压电路，试问：

①稳压环节、调整环节、比较放大环节、取样环节都包含哪些元件？绘制该电路结构时易出错的元件有哪些？

②若稳压管反向击穿电压 $U_Z = 6\,\text{V}$，输入电压 $u_{AB} = 30\,\text{V}$，$R_1 = 1\,\text{k}\Omega$，$R_2 = 500\,\text{k}\Omega$，$R_3 = 1\,\text{k}\Omega$，输出电压 u_o 的可调范围为多少？

（4）判断下列各图能否作为滤波电路，并简述理由。

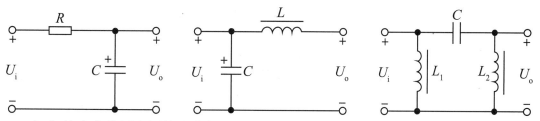

（5）某直流稳压电源的电路如图所示，该电路采用哪种整流方式和滤波方式？调整管工作在什么状态？若 u_2 有效值为 10 V，C_1 足够大，则 U_i 为多少？说明电路的整流电路、滤波电路、调整管、基准电压电路、比较放大电路、取样电路各由哪些元件组成，并标出运放的同相输入端和反相输入端。

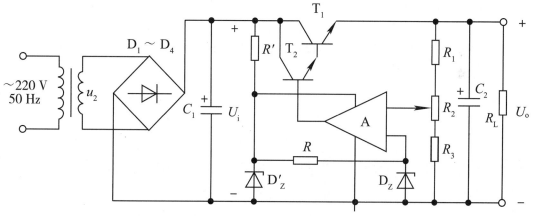

（6）画出单相桥式整流电路，若其中某个二极管断路，输出将会如何变化？若某个二极管短路，输出将会如何变化？若某个二极管接反，输出将会如何变化？请分别结合电路图说明。

参考文献

[1] 蔡红娟，周斌，蔡苗. 模拟电子技术 [M]. 武汉：华中科技大学出版社，2019.

[2] 陈国平，易映萍，谢明编，等. 模拟电子技术基础 [M]. 北京：机械工业出版社，2020.

[3] 陈蕴，楚亚蕴，赵正平，等. 模拟电子技术基础 [M]. 合肥：安徽大学出版社，2018.

[4] 成立，王振宇. 模拟电子技术基础 [M]. 南京：东南大学出版社，2019.

[5] 初永丽，王雪琪，范丽杰，等. 模拟电子技术基础 [M]. 西安：西安电子科技大学出版社，2016.

[6] 董兵，于丙涛，欧阳欣. 模拟电子技术与实训教程 [M]. 北京：北京邮电大学出版社，2016.

[7] 封维忠，吴海青，宋军，等. 模拟电子技术基础 [M]. 南京：东南大学出版社，2015.

[8] 黄丽薇，王迷迷. 模拟电子电路 [M]. 南京：东南大学出版社，2016.

[9] 黄丽亚，杨恒新，袁丰. 模拟电子技术基础 [M]. 北京：机械工业出版社，2016.

[10] 江冰，林善明，江琴，等. 模拟电子技术 研究型教学教程 [M]. 北京：北京航空航天大学出版社，2016.

[11] 江小安，宫丽，侯亚玲. 模拟电子技术 [M]. 2 版. 西安：西北大学出版社，2014.

[12] 江晓安，付少锋，杨振江. 模拟电子技术 [M]. 4 版. 西安：西安电子科技大学出版社，2016.

[13] 金巨波，张炯，刘烨. 模拟电子技术 [M]. 哈尔滨：哈尔滨工程大学出版社，2017.

[14] 景兴红，宋苗，王泽芳，等. 模拟电子技术及应用 [M]. 成都：西南交通大学出版社，2015.

[15] 李永安，张辉，郗艳华，等. 模拟电子技术基础 [M]. 西安：西安交通大学出版社，2018.

[16] 林汉，朱齐媛，陈新原. 模拟电子技术及应用 [M]. 北京：北京交通大学出版社，2016.

[17] 刘联会. 模拟电子技术 [M]. 北京：北京邮电大学出版社，2017.

[18] 刘同怀，顾理. 模拟电子电路 [M]. 合肥：中国科学技术大学出版社，2015.

[19] 闵卫锋. 模拟电子技术 [M]. 西安：西安电子科技大学出版社，2019.

[20] 潘海军，潘学文，李文. 模拟电子技术基础及应用 [M]. 北京：中国铁道出版社，2017.

[21] 宋长青，申红明，邵海宝. 模拟电子技术基础 [M]. 北京：清华大学出版社，2020.

[22] 孙肖子，赵建勋. 模拟电子技术简明教程 [M]. 西安：西安电子科技大学出版社，2019.

[23] 唐静. 模拟电子技术项目教程 [M]. 北京：北京理工大学出版社，2017.

[24] 唐明良，张红梅，周冬芹. 模拟电子技术仿真、实验与课程设计 [M]. 重庆：重庆大学出版社，2016.

[25] 唐治德，申利平. 模拟电子技术基础 [M]. 北京：科学出版社，2015.

[26] 陶德元. 模拟电子技术基础 [M]. 成都：四川大学出版社，2017.

[27] 汪鲁才. 模拟电子技术与应用 [M]. 长沙：湖南师范大学出版社，2018.

[28] 汪涛，王爽，李德明. 模拟电子技术及应用 [M]. 北京：国防工业出版社，2015.

[29] 王金平，谢建，杨经伟，等. 模拟电子技术 [M]. 郑州：黄河水利出版社，2015.

[30] 王泽芳. 模拟电子电路分析与实践 [M]. 成都：西南交通大学出版社，2015.

[31] 王中训. 模拟电子技术基础 [M]. 西安：西安电子科技大学出版社，2017.

[32] 吴小花. 模拟电子技术 [M]. 广州：广东高等教育出版社，2017.

[33] 谢松云，刘艺，杨雨奇. 模拟电子技术基础 [M]. 西安：西北工业大学出版社，2014.

[34] 熊伟林. 模拟电子技术及应用 [M]. 3 版. 北京：机械工业出版社，2015.

[35] 周洁. 模拟电子技术 [M]. 昆明：云南大学出版社，2019.

[36] 周雪，张慧玲，阮黎君，等. 模拟电子技术 [M]. 西安：西安电子科技大学出版社，2017.